彩图一　细丝

彩图二　头粗丝

彩图三　银针丝

彩图四　牛舌片

彩图五　灯影片

彩图六　骨牌片

彩图七　小骨牌片

彩图八　指甲片

彩图九　柳叶片

彩图十　菱形块

彩图十一　滚料块

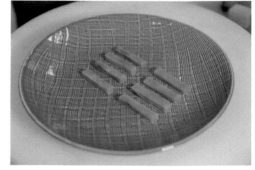

彩图十二　条

彩图十三　丁

彩图十四　麦穗花刀

彩图十五　菊花花刀

彩图十六　凤尾花刀

彩图十七　红油味汁

彩图十八　红油鸡块

彩图十九　蒜泥白肉

彩图二十　川北凉粉

彩图二十一　花仁兔丁

彩图二十二　口水鸡

彩图二十三　姜汁味汁

彩图二十四　姜汁菠菜

彩图二十五　椒麻糊

彩图二十六　怪味味汁

彩图二十七　怪味鸡丝

彩图二十八　芥末味汁

彩图二十九　芥末鸭掌

彩图三十　麻酱味汁

彩图三十一　麻酱凤尾

彩图三十二　鱼香味汁

彩图三十三　鱼香青丸

彩图三十四　糖醋味汁

彩图三十五　糖醋时蔬

彩图三十六　时蔬沙拉

彩图三十七　橙汁藕片

彩图三十八　鲜椒酸辣味汁

彩图三十九　鲜椒蕨根粉

彩图四十　鲜椒麻辣鸡

彩图四十一　烤椒农家汤

彩图四十二　椒盐牛舌

中等职业教育中餐烹饪与西餐烹饪专业系列教材

烹饪基本功

周启华　主编

王　鹏　高　勇　副主编

科学出版社

北　京

内 容 简 介

烹饪基本功是中职烹饪专业的一门重要的基础操作课程。本书根据烹饪专业特点编写，内容符合烹饪工作的实际操作过程和职业学生的认知规律，能够让学生在基本功的学习与实践训练中掌握多项操作技能。全书共分 4 个项目，包括体质训练、刀工技术、勺工技术和调味技术。

本书既可作为中职中餐烹饪教材，也可作为餐饮烹饪及相关行业的岗位培训教材，还可作为烹饪爱好者的参考用书。

图书在版编目（CIP）数据

烹饪基本功/周启华主编. —北京：科学出版社，2015.6
　　（中等职业教育中餐烹饪与西餐烹饪专业系列教材）
　　ISBN 978-7-03-044994-8

　　Ⅰ.①烹… Ⅱ.①周… Ⅲ.①烹饪-方法-中国-中等专业学校-教材
Ⅳ.①TS972.117

　　中国版本图书馆CIP数据核字（2015）第130825号

责任编辑：马欢欢 / 责任校对：陶丽荣
责任印制：吕春珉 / 封面设计：鑫联必升

科学出版社 出版
北京东黄城根北街 16 号
邮政编码：100717
http://www.sciencep.com

北京九州迅驰传媒文化有限公司 印刷
科学出版社发行　　各地新华书店经销
*

2015 年 6 月第 一 版　　　开本：787×1092　1/16
2023 年 8 月第九次印刷　　印张：8 3/4　插页 4
字数：204 000

定价：27.00 元
（如有印装质量问题，我社负责调换〈九州迅驰〉）

销售部电话 010-62136230　编辑部电话 010-62135120-2015

中等职业教育中餐烹饪与西餐烹饪专业系列教材
编写指导委员会

主　　任：范小红

副主任：马方军

委　　员：（按姓氏笔画排名）

　　　　　王　鹏　刘　平　刘超军　严　林　李家琪

　　　　　官淑艳　赵海军　饶禾春　傅　梅　管真明

前　言

　　为进一步落实《国务院关于加快发展现代职业教育的决定》精神，助推攀枝花经贸旅游学校创建国家级示范学校，编者根据烹饪专业的特点编写了本书。

　　烹饪专业是一门以技能为主的专业，本书充分体现了教材的职业性、适应性、科学性、系统性、规范性和新颖性，具体有以下三个特点。

　　第一，紧扣一个核心——育人目标。本书根据烹饪职业教育规律和新课程设置的特点，从提高职业学校学生分析问题、解决问题的能力入手，以任务为引导进行模块化教学。每个项目介绍了本项目的知识点及专业技能，项目后设计了任务评价等，提高了本书的可读性，增强了学生的学习兴趣，提升了学生的综合素养。

　　第二，重视一个环节——实践环节。本书图文并茂，直观易学，突出了烹饪专业的特点，注重理论和实践相结合，实现了"教、学、做"一体化。

　　第三，达到一个效果——掌握技能。本书内容设置由理论到实践，再由实践回到理论，以此反复循环，最终让学生掌握烹饪基本功。

　　本书由周启华担任主编，具体的编写分工如下：项目 1 由黄维礼、王鹏编写，项目 2 由母政周、汪建全编写，项目 3 由周启华编写，项目 4 由高璞、高勇编写。编者在编写本书过程中，广泛听取了行业专家的意见和建议，吸取了同类、同层次教材的优点，在此一并表示感谢。

　　由于时间仓促，编者水平有限，书中不足之处在所难免，敬请读者批评指正，以便修订时改正。

编　者

2015 年 2 月

目　　录

项目1 体 质 训 练

内容提要

本项目包含 4 个任务。通过本项目的学习和训练,学生理解进行体质训练的重要性,能够认识体质训练的各种辅助器械,掌握体质训练的各种方法,最终增强体质,并能够适应烹饪操作的劳动强度,为学习刀工、勺工等烹饪技能打下良好的基础。

项目描述

从某种意义上讲,烹饪操作是体力劳动的过程,其技术性强,劳动强度大,具有脑力和体力并用的特点。处于发育阶段的学生,只有加强体质训练,才能拥有强健的体魄,才能在烹饪技能训练过程中达到训练要求,为技能的提升奠定基础。

相关知识

1. 体能的重要性

良好的体能是技术训练的基础。烹饪操作是一项劳动强度大、操作时间长、消耗体能多的工作,因此作为一名合格的烹饪工作者,必须具有良好的身体素质。烹饪工作者每天坚持做一些行之有效的身体锻炼,对于提高身体素质,提高操作技能,保证菜点质量都具有重要意义。

良好的体能有助于培养健康的心理品质,有助于坚定学习技能的信心和提高操作技能,同时也有助于增强耐力。初学者往往耐力不足,在烹饪工作中容易失去稳定性,使身体变形,导致肌体不必要的损伤。

2. 烹饪体能训练的实施途径

（1）课程训练

利用烹饪实践操作课进行专门的体能训练，如翻锅训练、刀工训练、持重训练等。同时，与体育课相结合，利用哑铃、铅球及单杠等器械，训练手指、前臂、下肢等部位。

（2）课外训练

经常组织学生进行掰手腕游戏或比赛活动（图1.1），以此来锻炼学生的腕力。利用课外活动组织学生跑步，从而提高学生的体能，如图1.2所示。

图 1.1

图 1.2

任务 1.1　手指力量训练

任务目标

1）了解手指力量的训练方法。

2）熟练掌握手指力量训练的方法和技巧。

任务准备

需要准备的器具为铅球、沙包、握力器。

任务实施

1. 手指俯卧撑

双手十指着地支撑身体（图 1.3），吸气时下落（图 1.4），呼气时上撑（图 1.5）。每组 10～15 次，分 3 组练习。指力弱者，可先斜靠墙上练习，待指力强劲后，再在地上做，如图 1.6 所示。

图 1.3

图 1.4

图 1.5

图 1.6

小提示

指力练习非一朝一夕之功，要持之以恒，循序渐进。

2. 手指抓重物

用五个手指抓起重物，如沙包、铅球、实心球等重物。其方法是用手指抓起来（图 1.7），然后放下来（图 1.8）。以 10 个为一组，共 4～5 组，双手交替进行。具体练习中根据练习的重量来决定次数和组数。

图 1.7

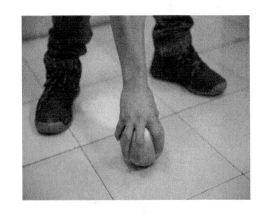

图 1.8

3. 握力球练习

用手拿好握力球，五个手指用力向内用力握紧（图 1.9），尽量使握力球越扁越好，坚持 3s（图 1.10），再放松回到原状。以 15 个为一组，共 3 组，双手交替练习。具体练习中根据自己的力量加长坚持的时间。

图 1.9

图 1.10

任务评价

全班分成 6～8 个实训小组，小组成员相互配合共同完成实训任务。采用不同的方法进行手指力量训练，并填写表 1.1。

表 1.1　任务评价

考核要素	评分标准	要　求	得　分		
			自评 20%	互评 30%	师评 50%
分组列队	10 分	按要求分好组，排队站好			
取出器械	10 分	指定人员分发器械到各组			
训练过程	60 分	① 合理地运用器械进行训练（15 分）； ② 训练时运用方法得当（10 分）； ③ 坚持认真训练，不得吵闹、玩耍（20 分）； ④ 组长监督，每人完成训练量（15 分）			
训练完后的整理	20 分	① 按组列队站好（10 分）； ② 归还器械，放回指定的位置（10 分）			
合计		100 分			

任务 1.2　上肢力量训练

任务目标

1）了解上肢力量的训练方法。

2）熟练掌握上肢力量训练的方法和技巧。

任务准备

需要准备的器具为炒锅、毛巾、沙、砧板。

任务实施

1. 屈臂持沙

身体自然站立，左手将炒锅端起，左臂贴身夹紧，上臂与下臂弯曲约成 90°，重量按 500g、1000g、1500g 三个量级，逐渐向锅里增加沙粒，时间逐渐延续到 3min，根据体能情况决定练习的频率，如图 1.11 所示。

> **小提示**
>
> 保持锅的平稳，练习要循序渐进，不可操之过急。

2. 直臂持沙

身体自然站立，左手端炒锅，左臂向前（或向左）水平伸直，将左臂的下方和上方各拉一条直线，两线相距 25cm 左右，以上下摆动不碰线为标准，重量按 500g、1000g、1500g 三个量级，时间逐渐延续到 2min，根据体能情况决定练习的频率，如图 1.12 所示。

图 1.11   图 1.12

小提示

保持平稳，控制好摆动的幅度，练习要持之以恒，循序渐进。

3. 挺举重物

双脚平行站立，双手拿起砧板并放在胸前（图 1.13），双臂向上伸展完成挺举动作（图 1.14）。脚既可以前后站立，也可以平行站立。举的重量要符合自己的臂力水平，每组 10～15 次，分 3 组练习。

图 1.13   图 1.14

小提示

砧板要抓牢，防止重物滑落，避免发生意外。

任务评价

全班分成 6～8 个实训小组，小组成员相互配合共同完成实训任务。采用不同的方法进行上肢力量训练，并填写表 1.2。

表 1.2　任务评价

考核要素	评分标准	要　求	得　分		
			自评 20%	互评 30%	师评 50%
分组列队	10 分	按要求分好组，排队站好			
取出器械	10 分	指定人员分发器械到各组			
训练过程	60 分	① 合理的运用器械进行训练（15 分）； ② 训练时运用方法得当（10 分）； ③ 坚持认真训练，不得吵闹、玩耍（20 分）； ④ 组长监督，每人完成训练量（15 分）			
训练完后的整理	20 分	① 按组列队站好（10 分）； ② 归还器械，放回指定的位置（10 分）			
合计		100 分			

任务 1.3　下肢力量训练

任务目标

1）了解下肢力量的训练方法。
2）熟练掌握下肢力量训练的方法和技巧。

任务准备

需要准备的器具为运动鞋。

任务实施

1. 蛙跳练习

两脚分开成半蹲，上体稍前倾，两臂在体后成预备姿势（图 1.15）。两腿用力蹬伸，充分伸直髋、膝、踝 3 个关节，同时两臂迅速前摆，身体向前上方跳起（图 1.16）。每组连续进行 5～7 次，分 3 组练习。

图 1.15   图 1.16

小提示

不要用力过猛，深蹲，效果才好。

2. 原地竖直跳

原地站好，双手自然下垂，紧贴于两腿（图 1.17），克服自身重量，然后猛地跳起来，练习下肢的爆发力（图 1.18）。每组连续进行 10～15 次，分 3 组练习。

图 1.17   图 1.18

小提示

要全力向上跳，落地要稳，切勿受伤。

3．50m 米往返跑

起跑后加速跑至 40m，然后惯性跑 10m，至终点时往回返，3 次为一组，每次往返间隔 30s 左右。

小提示

起跑时后蹬用力，加速积极。注意频率，不要跌倒。

任务评价

全班分成 6～8 个实训小组，小组成员相互配合共同完成实训任务。采用不同的方法进行下肢力量训练，并填写表 1.3。

表 1.3　任务评价

考 核 要 素	评 分 标 准	要　　　求	得　分		
			自评 20%	互评 30%	师评 50%
分组列队	20 分	按要求分好组，排队站好			
训练过程	60 分	① 训练时运用方法得当（15分）； ② 坚持认真训练，不得吵闹、玩耍（25分）； ③ 组长监督，每人完成训练量（20分）			
训练完集合	20 分	按组列队站好，不大声喧哗			
合计		100 分			

注：①明确手指、上肢、下肢训练的具体内容；②训练时以组为单位，训练结束后相互评价、比较，并谈谈自己的得失；③教师在训练过程中要做好学生的安全保护工作。

任务 1.4　健身操训练

任务目标

1）了解健身操的训练方法。
2）熟练掌握健身操训练的方法，达到增强体质、塑造体形的目的。

任务准备

需要准备的器具为运动鞋。

 任务实施

1. 戴帽子

戴帽子共有 4 个 8 拍,下面具体介绍第一个 8 拍。

1) 1～2 拍:两脚原地踏步(左脚先开始),同时 1 拍双手向前伸展,平抬与肩宽(掌心相对),2 拍保持,如图 1.19 所示。

2) 3～4 拍:腿部动作同上,双手继续伸展上举,停于头部上方(掌心相对),如图 1.20 所示。

3) 5～6 拍:腿部动作同上,双手回缩于耳旁,握成拳状(拳心对着耳朵),如图 1.21 所示。

4) 7 拍:腿部动作同上,双手呈拳状挡于头部正前方(拳心对着额头)。

5) 8 拍:腿部动作同上,同时双手还原于体侧(拳变掌,掌心向内),如图 1.22 所示。其余的 8 拍同第一个 8 拍动作相同。

图 1.19   图 1.20

图 1.21

图 1.22

2．穿工作服

穿工作服共有 4 个 8 拍，下面具体介绍第一个 8 拍。

1）1～2 拍：两脚不动，1 拍左手向左方抬起与肩平（握拳，拳心向下），2 拍还原于体侧（握拳，拳心向内），如图 1.23 所示。

2）3～4 拍：两脚不动，3 拍右手向右方抬起与肩平（握拳，拳心向下），4 拍还原于体侧（握拳，拳心向内），如图 1.24 所示。

图 1.23

图 1.24

3）5～6 拍：两脚不动，5 拍双手正对放于胸前（握拳，拳心向后）。6 拍还原于体侧（握拳，拳心向内），如图 1.25 所示。

4）7～8拍：两脚不动，7拍时双手腰后屈（握拳，拳心向后），8拍双手还原于体侧（握掌，拳心向内），如图1.26所示。

其余的8拍动作与第一个8拍动作相同。

图 1.25

图 1.26

3. 磨刀

磨刀共有4个8拍，下面具体介绍第一个8拍。

1）1拍：左脚向前一步，同时双手向前平举（握拳，拳心向下），如图1.27所示。

2）2拍：左脚回至原位，同时双手回于体侧（握拳，拳心向内）。

3）3拍：右脚向前一步，同时双手向前平举（握拳，拳心向下），如图1.28所示。

4）4拍：右脚回至原位，同时双手回于体侧（握拳，拳心向内）。

图 1.27

图 1.28

5）5 拍：右脚向右后方退一步，同时双手从左侧斜下方推出（握拳，拳心向下），如图 1.29 所示。

6）6 拍：右脚回至原位，同时双手回于体侧（握拳，拳心向内）。

7）7 拍：左脚向左后方退一步，同时双手从右侧斜下方推出（握拳，拳心向下），如图 1.30 所示。

8）8 拍：左脚回至原位，同时双手回于体侧（握拳，拳心向内）。

其余的 8 拍动作与第一个 8 拍动作相同。

图 1.29

图 1.30

4. 削菜

（1）第一个 8 拍

1）1～2 拍：1 拍左脚向左侧迈一步，同时右臂上举（五指并拢，掌心向内），左臂自然垂于体侧（图 1.31）；2 拍双手还原于体侧（掌心向内）。

2）3～4 拍：3 拍右脚向右侧迈一步，同时左臂上举（五指并拢，掌心向内），右臂自然垂于体侧（图 1.32）；4 拍双手还原于体侧（掌心向内）。

3）5～6 拍：5 拍左脚向左前弓步，左臂向左前侧平抬（五指并拢，掌心向上），右臂屈臂放于左肩上（图 1.33）；6 拍左臂向后回缩于腰际（五指并拢，掌心向上），右臂向前打开平举（五指并拢，掌心向下），如图 1.34 所示。

4）7～8 拍：7 拍左臂向左前平伸（五指并拢，掌心向上），右臂屈臂回到左肩上（图 1.35）；8 拍双手回于体侧（掌心向内），如图 1.36 所示。

（2）第二个 8 拍

1）1～4 拍：动作相同，方向相反。

2）5～8拍：动作相同，方向相反。

第三个 8 拍的动作同第一个 8 拍，动作相同。第四个 8 拍的动作同于第二个 8 拍，动作相同。

图 1.31

图 1.32

图 1.33

图 1.34

图 1.35

图 1.36

5. 切菜

（1）第一个 8 拍

1）1～3 拍：1 拍左脚向左跨出一步（图 1.37）；2 拍双手向两侧平抬起（图 1.38）；3 拍身体向左转，左手屈臂，右手屈臂放于胸前，两手相对。

2）4～6 拍：身体按拍子逐渐向右转，双手做切菜状，上下翻动，如图 1.39 所示。

3）7～8 拍：7 拍双脚分开，双手平抬；8 拍双脚合并，双手回于体侧，如图 1.40 所示。

图 1.37

图 1.38

图 1.39

图 1.40

（2）第二个 8 拍

1～8 拍动作相同，方向相反。

第三个 8 拍的动作同第一个 8 拍，动作相同。第四个 8 拍的动作同第二个 8 拍，动作相同。

6. 翻锅

（1）第一个 8 拍

1）1～2 拍：左脚向左前方伸出，双手呈翻锅状，身体按拍子向上跳动，如图 1.41 所示。

2）3～4 拍：右脚向右前方伸出，双手呈翻锅状，身体按拍子向上跳动，如图 1.42 所示。

图 1.41

图 1.42

3）5～7拍：左脚向左前方伸出，左手叉腰，右手举至头顶转动，如图1.43所示。

4）8拍：双脚合并，双手回于体侧，如图1.44所示。

图1.43

图1.44

（2）第二个8拍

1）1～4拍：动作同上。

2）5～8拍：动作相同，方向相反。

第三个8拍的动作同第一个8拍，动作相同。第四个8拍的动作同第二个8拍，动作相同。

7．和面

和面共有4个8拍，下面具体介绍第一个8拍。

1）1拍：双脚蹬跳呈左腿直立、右腿屈膝（重心在左腿上）状，同时左臂从体前下举，右臂胸前屈（握拳，掌心向内），如图1.45所示。

2）2拍：双脚蹬跳呈右腿直立、左腿屈膝（重心在左腿上）状，同时右臂从体前下举，左臂胸前屈（握拳，掌心向内），如图1.46所示。

3）3～4拍：同1～2拍，动作相同。

4）5～8拍：5、7拍双脚跳起，落地双脚分开；6、8拍双脚跳起，落地双脚合并，同时双臂在胸前转圈，8拍时双手回于体侧（掌心向内），如图1.47和图1.48所示。

其余的8拍动作与第一个8拍动作相同。

图 1.45

图 1.46

图 1.47

图 1.48

8. 调味

（1）第一个 8 拍

1）1～2 拍：1 拍左脚向左跨出一步；2 拍双手向两侧平抬起，如图 1.49 所示。

2）3～6 拍：3 拍右手放至左手上方（掌心相对），击掌一次；4 拍时再击掌一次（图 1.50；5 拍右手握拳，在左手上画圆一次（图 1.51）；6 拍再划圆一次。

3）7～8 拍：7 拍时左手回于体侧，右手呈剪刀状从眼前划过（图 1.52）；8 拍双脚合并，双手回于体侧。

图 1.49

图 1.50

图 1.51

图 1.52

（2）第二个 8 拍

1～8 拍动作相同，方向相反。

第三个 8 拍的动作同第一个 8 拍，动作相同。第四个 8 拍的动作同于第二个 8 拍，动作相同。

任务评价

全班分成 6～8 个实训小组，小组成员共同练习完成实训任务，并填写表 1.4。

表1.4　任务评价

考核要素	评分标准	要求	得分		
			自评20%	互评30%	师评50%
分组列队	20分	按要求分好组，排队站好			
训练过程	60分	① 合理练习健身操的每个动作（15分）； ② 动作连贯协调（15分）； ③ 坚持认真训练，不得吵闹、玩耍（20分）； ④ 组长监督，每人完成训练量（10分）			
训练完后集合	20分	按组列队站好，队列整齐，没有人说话			
合计		100分			

思考与练习

1．如何进行手指力量训练？

2．如何进行上肢力量训练？

3．如何进行下肢力量训练？

4．如何做好烹饪健身操？

项目 2 刀 工 技 术

内容提要

刀工技术是烹饪菜肴制作的基础。本项目学习烹饪行业中常见、常用原料的刀工处理方法，包含了 16 个任务。通过系统学习，学生应具备采用各种刀法和手法，把不同质地的烹饪原料加工成适宜不同烹调方法的能力，为后期学习菜肴制作打下坚实的基础。

项目描述

中国素有烹饪王国之称，美味佳肴驰名中外，美味可口的菜肴，风味各异的菜品，不仅依靠烹饪技术来实现，而且要求与精湛的刀工技术相配合，才能制作出富有特色的美味佳肴。因此，烹饪行业常说："三分炉子，七分墩子。"

烹饪刀工文化特征如下。

1）集体性。中国烹饪刀工文化跟其他中华文化相似，是集体智慧的结晶。

2）时代性。中国烹饪刀工文化的食物形态会随着时代背景改变而改变，每个时代人们有不同的审美趋向，有不同的审美情趣，在不同的时代食物就有不同的形态。

3）传承性。中国烹饪刀工是文化，文化会一代一代地传承。我们今天所见到的刀工食物形态，是由历史的积淀作用而形成。

4）技术性。中国烹饪文化的显著特征是规范性，这种规范性表现在中国烹饪刀工文化的食物形状往往有一定的规则要求。有的烹饪大师可以在自己的大腿上切肉丝，也可以用内酯豆腐雕花等，这些都说明中国烹饪刀工是技术。

5）社会性。烹饪刀工文化是社会生产力水平的反映，一定的社会经济文化水平对应相应的刀工水平。

6）实用性。中国烹饪刀工文化是最基础的文化，它与中国人的生活紧密相连。

7）艺术性。艺术性是中国烹饪刀工文化与世界其他烹饪刀工文化的根本区别，世界上没有其他国家能像中国那样将食物的形态赋予各种情感，将生活的喜怒哀乐寄托于食物的形态之中。中国烹饪刀工文化深入中华文化的骨髓，是中华文化的主轴。

相关知识

刀工是运用刀具及其相关用具，采用各种刀法和手法，把不同质地的烹饪原料加工成适宜不同烹调方法的各种形状的技艺。

1. 刀工的作用

（1）便于烹调

将大块、整只或质地较硬的原料直接烹调，火力和烹制时间往往不易掌握，如果将原料加工成形状整齐，大小一致的块、条、片、丝等，易于控制烹调时间和火候。不同的原料，有多种加工方法，一般要根据原料的质地和烹饪要求进行刀工处理。例如，鸡片、鱼片、腰片，质地很细嫩，但烹调的时间较短，为了保证柔软、鲜嫩的口感，在刀工处理时，以薄、小为主。过于软嫩的原料可以加工得稍厚一点，大一点，防止烹调时散碎。整齐、均匀的形态，可以保证原料在烹制过程中受热均匀，成熟一致。

（2）便于食用

整只的大块原料，如猪腿、羊腿、鸡、鸭、鹅等，不经刀工处理，直接烹制，会给客人带来诸多不便。如果将原料进行剔骨、分档、斩块、切片等刀工处理后再烹调，就便于食用了。

（3）便于入味

如果将整块大料直接烹制，加入调味品大多停留在原料表面，不易渗入内部，这样就形成原料外浓内淡的弊病。反之，如果将整块原料切成小料，或在整只原料表面剞上刀纹，这样调味品就容易渗透到原料内部，烹制后的菜肴香醇可口。

（4）增进美观

刀工还对菜肴的形态和外观起着决定性的作用。用剞的刀法，在原料表面剞上各种刀纹，经加热后，便会卷曲成各种美丽的形状，如麦穗形、荔枝形、菊花形、松果形等。对一些较大的原料，经过刀工处理，可以烹制成各种优美的菜肴，如松鼠鱼、菊花羊腿等。

2. 刀工的基本要求

刀工的目的是改变原料的形状，美化菜肴的形态，以便烹制出色、香、形、质俱全的菜肴。它包括的内容广泛，操作时应遵循以下基本原则。

（1）整齐划一

经刀工切制出的原料形状花式繁多，各有特色。同一菜肴的原料加工成粗细一致、长短一样、厚薄均匀的形状有利于原料在烹调时受热均匀，并使各种调味品的味道适当地渗入菜肴内部。如果成形后的原料厚薄不一、粗细不均、大小不等、长短不齐，那么细薄的就会先入味，而粗厚的入味就比较慢；细薄的已经煮熟，粗厚的还有夹生、老韧等现象，这就严重影响了菜肴的美观及口味。

（2）断连分明

运用刀工切出的原料形状不仅整齐美观，还要做到使成形的原料断面平整，不出毛边，断连分明。在刀工操作时，条与条之间，丝与丝之间，块与块之间必须断连分开，不可藕断丝连，似断非断，否则会影响菜肴质量。

（3）配合烹调

刀工和烹调作为烹饪技术整体的两道工序，是相互制约、相互影响的，原料形状的大小，一定要适应烹饪技法的需要。例如，爆、炒等烹调方法所采用的火力较大，烹制的时间较短，成品要求脆、嫩、鲜美，原料需切薄、小一些，如果原料的形状十分厚、大，就不易入味和成熟。而炖、烧、煨等烹调方法所采用的火力较小，烹制的时间较长，成品要求酥烂味透，原料需切厚、大一些，如果原料的形状薄、小，就容易破烂。辅料的成形、体积和形状要服从主料的体积和形状，一般情况下，辅料要小于主料，少于主料，才能突出主料，否则会造成喧宾夺主的现象。

（4）合理应用

刀法应用必须合理，要适应不同质地的原料，才会有效果。切割不同质地的原料，要采用不同的刀法。例如，用韧性的肉类原料切片时，应采用推切或拉切；切质地松散的原料时，如面包、酱肉等应采用锯切。可见，采用正确的刀法既能切出形状整齐的成品，又能省时省力。

（5）合理用料

合理用料是整个烹饪工作的一项重要原则。在刀工处理时，要充分考虑原料的用途，落刀时要做到心中有数，"大材大用，小材小用"。对于边角料，也应充分发挥其经济效用。

（6）符合卫生要求

菜肴烹调不但要求色、香、味、形俱佳，而且要讲究卫生。要做到这一点，选料、工具、用具都必须清洁卫生。保存原料时，生料与熟料要隔离，防止交叉感染。切配有异味的原料时，将砧板擦干净，防止串味。

任务 2.1　刀工器具及磨刀方法

任务目标

1）了解刀工器具的基本知识。

2）掌握刀具、砧板使用和保养的基本方法。

3）具备磨刀的能力。

任务准备

需要准备的器具为各类刀具、砧板、磨刀石。

任务实施

1. 认识刀具

（1）片刀

1）特点：质量较轻，刀身较窄而薄，钢质纯，刀口锋利，使用方便，如图 2.1 所示。

2）适用范围：无骨的动物性原料，加工成丝、片、条、丁等形状，如肉丝、黄瓜片。

（2）切刀

1）特点：刀身略宽，长短适中，应用范围较广，在刀工操作中运用最普遍，如图 2.2 所示。

2）适用范围：既能切制丁、丝、条、片，又能加工质地稍硬或小骨的原料。

图 2.1   图 2.2

（3）砍刀

1）特点：刀身比切刀长而宽，有的呈拱形，又称斩刀，如图 2.3 所示。

2）适用范围：主要用于加工带骨或质地坚硬的原料，如砍排骨、鸡、鸭、鹅等。

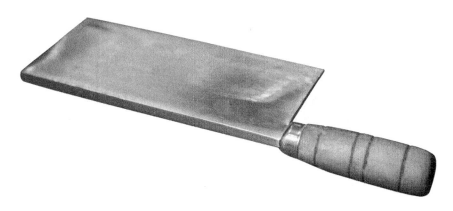

图 2.3

2. 认识刀工练习的主要器具

（1）磨刀石

1）粗磨刀石。质地粗糙，摩擦力大，多用于磨有缺口的刀和新刀开刃，磨出锋口，如图 2.4 所示。

2）细磨刀石。质地坚实、细腻、光滑，容易将刀磨快又不容易损伤刀口，应用较多，如图 2.5 所示。

图 2.4   图 2.5

（2）砧板

砧板又称菜板，是对原料进行切割操作时的衬垫工具。

1）材质：砧板最好选用核桃树、榆树、柳树等材料，这些树的木质坚硬，细密，砧板的截面应呈青色，而且颜色均匀无花斑，如图 2.6 所示。随着科技与餐饮的发展，砧板的材质也逐步发展变化，出现胶质砧板，如图 2.7 所示。

2）尺寸：砧板的尺寸以高 10～20cm，直径 35～45cm 为宜。

图 2.6

图 2.7

3. 磨刀的方法

（1）磨刀前准备

磨刀前先要把刀面上的油污擦干净，再把磨刀石放平稳，以前面略高为宜，旁边放一碗清水，如图 2.8 所示。

图 2.8

（2）磨刀方法

由于以前的刀具刀膛比较厚，一般采用前推后拉的磨刀方法，磨刀时右手握住刀柄前端，左手握住刀背前端直角部位，两手持稳刀，将刀身端平，刀刃朝外，刀背向里，刀具与磨刀石的夹角为 3°～5°。向前平推至磨刀石尽头，然后向后提拉。由于现在的刀具刀膛比较薄，也可以采用另一种磨刀方法，磨刀时，两脚自然分开或一前一后站稳，胸部略微前倾，一手握刀柄，一手按住刀面的前段，刀刃与磨刀石平行，然后在刀面或磨刀石面上淋水，将刀面紧贴在磨石上，前推后拉，平推平磨，两面要均匀地磨制，如图 2.9 和图 2.10 所示。

图 2.9　　　　　　　　　　　　　　　　　图 2.10

（3）刀刃检测

　　磨完后洗净、擦干。一种方法是将刀刃朝上，两眼直视刀刃，如果刀刃上看不见白色光泽，就表明刀已磨锋利了，反之则不锋利。另一种方法是用大拇指在刀刃上轻轻拉一拉，如有涩感，则表明刀刃已锋利，如刀刃在手指上有光滑感，则表明刀刃还不锋利，仍需继续磨，如图 2.11 和图 2.12 所示。

图 2.11　　　　　　　　　　　　　　　　　图 2.12

4. 刀工器具的保养

（1）刀具的保养

使用完后清洗干净，用毛巾擦拭干净放入刀盒内。

（2）砧板的保养

1）新购买的砧板需要用盐水和盐涂在表面上（也可用油泡），使砧板木质收缩，不裂变。

2）在操作过程中，要经常转动表面，使砧板各处都均匀用到，尽量延缓砧板凹凸不平的现象，每次使用后应将砧板清洗干净。用后竖放通风，防止砧板被腐蚀。

任务评价

每位同学独立完成刀具的磨制，并填写表 2.1。

表 2.1　任务评价

考 核 要 素	评 分 标 准	要　　求	得　　分		
			自评 20%	互评 30%	师评 50%
磨刀	60 分	① 要求磨刀姿势正确（20 分）； ② 不卷口（30 分）； ③ 会验刀（10 分）			
砧板	40 分	① 材质的选用（10 分）； ② 砧板的保养（15 分）； ③ 砧板的放置（15 分）			
合计		100 分			

任务 2.2　刀工的基本操作姿势

任务目标

1）了解刀工的基本操作姿势。

2）掌握刀具使用过程的操作方法。

3）具备安全使用刀具的能力。

任务准备

需要准备的器具为片刀、砧板、盛器、方巾。

任务实施

1. 站案姿势

双脚自然分开，呈八字形，两脚尖分开，与肩同宽，身体保持自然正直，自然含胸，头要端正，双眼正视两手操作的部位，腹部与砧板保持约 10cm 的间距，砧板放置的高度应以操作者身高的一半为宜，双肩关节要放松，操作时始终保持身体重心垂直于地面，重力分布均匀，有利于上肢施力和灵活用力，如图 2.13 和图 2.14 所示。

图 2.13

图 2.14

2. 握刀姿势

在刀工操作时，握刀的手势与原料的形状、质地和刀法有关。使用的刀法不同，握刀的手势也有所不同，但总的来讲，用刀者握刀的基本方法是右手持刀，拇指与食指捏着刀身，其余手指部位握住刀柄处，随刀的起落而均匀地向左移动。握刀要求稳、准、狠，应以牢而不死、软而不虚、硬而不僵、轻松自然、灵活自如为好，如图 2.15 所示。

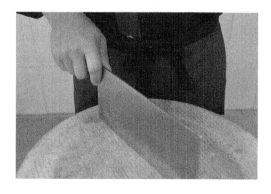

图 2.15

如果握刀的姿势不正确，不仅不能把握住刀的作用点，切原料时因刀身不稳而影响加工的质量，而且常因用力过大，出现脱刀伤人的事故，如图2.16～图2.19所示。

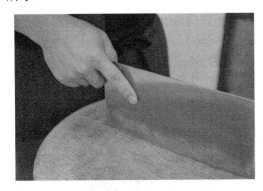

图2.16

图2.17

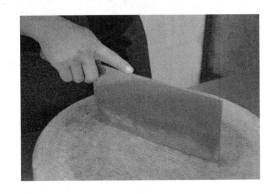

图2.18

图2.19

图2.20

3. 扶料姿势

　　五指合拢，自然弯曲呈弓形，中指指背第一关节凸出顶住刀堂，手掌及大拇指外侧紧贴砧板或原料，起到支撑作用，如图2.20所示。

4. 放刀位置

　　刀工操作完毕后，刀的摆放位置、摆放方向都有严格的要求。随意放刀，往往会给刀工操作者及相关人员带来隐患，导致不应有的事故发生。正确的放刀位置是每次操作完毕后，应将刀具放置在砧板中央，刀口向外，前不出尖，后不露柄，刀背、刀刃都不应露出砧板，如图 2.21 所示。

平时练习或工作过程中，应当避免出现以下类似的不良放刀习惯。一是存在安全隐患，二是损坏刀刃及砧板，如图 2.22～图 2.24 所示。

图 2.21

图 2.22

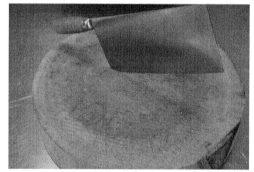

图 2.23

图 2.24

5. 携刀姿势

当刀具用完之后，需要将刀具挪动位置，携带刀具时必须严格按照要求，保持正确姿势：右手横握刀柄，紧贴腹部右侧，刀刃向上，如图 2.25 所示。

携刀走路时，切忌刀刃朝外，手舞足蹈，以免伤害到自己或他人，如图 2.26 和图 2.27 所示。

图 2.25

图 2.26

图 2.27

任务评价

全班分成 6～8 个实训小组，小组成员相互配合，独立完成。要求成员在规定的指令下，完成站案姿势、握刀姿势、放刀位置及携带刀具的动作，并填写表 2.2。

表 2.2　任务评价

考 核 要 素	评 分 标 准	要　　求	得　　分		
			自评 20%	互评 30%	师评 50%
站案姿势	25 分	双脚自然分开，呈八字形，两脚尖分开，与肩同宽，身体保持自然正直，自然含胸，头要端正，双眼正视两手操作的部位，腹部与砧板保持约 10cm 的间距，砧板放置的高度应以操作者身高的一半为宜			
握刀姿势	25 分	拇指与食指捏着刀身，其余手指位握住刀柄处			
放刀位置	25 分	应将刀具放置在砧板中央，刀口向外，前不出尖，后不露柄，刀背、刀刃都不应露出砧板			
携刀姿势	25 分	右手横握刀柄，紧贴腹部右侧，刀刃向上			
合计		100 分			

任务 2.3　细丝的切法

任务目标

1）了解细丝成品规格标准。
2）掌握正确切配细丝的操作方法。
3）具备常用原料加工成细丝的能力。

任务准备

需要准备的原料和器具为胡萝卜、片刀、砧板、盛器、方巾。

任务实施

1）将修整备好的原料放在砧板中央，左手要扶稳原料，如图 2.28 所示。

2）左手中指第一关节抵住刀身向左后方移动，移动时要保持同等距离，不要忽快忽慢、偏宽偏窄，使切出的原料形状均匀、整齐，如图 2.29 所示。

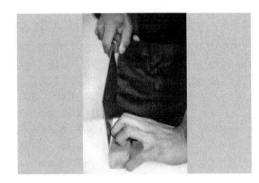

图 2.28   图 2.29

3）右手操刀运用腕力，落刀要垂直，不偏里偏外，如图 2.30 所示。

4）右手操刀时，刀堂要紧贴原料被切面垂直切下去，同时左手要按稳原料，如图 2.31 所示。

图 2.30   图 2.31

5）将切好的片码成瓦楞形状，然后再切成细丝，如图 2.32 所示。

图 2.32

小提示

操作要领：要求刀与砧板垂直，上下运动，刀堂紧贴原料的被切面。

适用原料：土豆、胡萝卜、红萝卜等脆性原料。

成品标准：细丝为 10cm×0.2cm×0.2cm（长×宽×高），如彩图一所示。

任务评价

全班分成 6～8 个实训小组，小组成员相互配合，独立完成。要求成员在规定时间内切细丝，规格为 10cm×0.2cm×0.2cm（长×宽×高），并填写表 2.3。

表 2.3　任务评价

考核要素	评分标准		要　　求	得　分		
				自评 20%	互评 30%	师评 50%
细丝	操作过程（80分）	准备	操作姿势正确（20分）			
		实施	能按时完成任务练习（20分）			
			达到 90% 的出料率（20分）			
		结束	台面干净利落（10分）			
			工作服干净、整洁（10分）			
	成品规格（20分）		成品符合规格			
合计			100 分			

任务 2.4　二粗丝、头粗丝的切法

任务目标

1）了解二粗丝、头粗丝成品规格标准。

2）掌握正确切配二粗丝、头粗丝的操作方法。

3）具备常用原料加工成二粗丝、头粗丝的能力。

任务准备

需要准备的原料和器具为白萝卜或肉类、切刀、砧板、方巾。

 任务实施

1）将备好的原料放置在砧板中央，左手要扶稳原料，如图 2.33 所示。

2）左手中指第一关节抵住刀身向左后方移动，移动时要保持同等距离，不要忽快忽慢，偏宽偏窄，使切出的原料形状均匀，整齐，如图 2.34 所示。

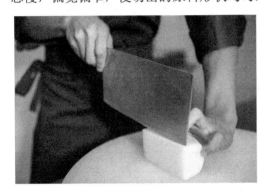

图 2.33

图 2.34

3）右手操刀时，刀堂要紧贴原料被切面由后向前运用腕力切下去，落刀要垂直，不偏里偏外，同时左手要按稳原料，着力点在刀的后部，一推到底，不再向后回拉，刀的着力点在刀的根部，如图 2.35 所示。

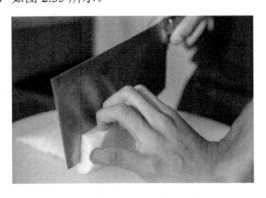

图 2.35

4）将切好的片码成瓦楞形状，然后按要求切成二粗丝或头粗丝，反复将原料切完，如图 2.36 和图 2.37 所示。

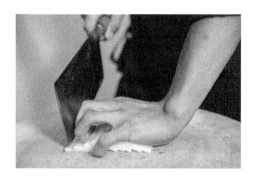

图 2.36   图 2.37

将切好的二粗丝、头粗丝成品放在器皿里规定的地方，任务完成后打扫台面卫生，整理器具，刀具、器皿、方巾归位。

小提示

操作要领：一般左手按稳原料，右手持刀。切时刀垂直向下，由后向前运刀，前端进料，后端断料，着力点在刀的后部。

适用原料：脆性、肉类原料。

成品标准：二粗丝规格为 10cm×0.3cm×0.3cm（长×宽×高），如图 2.38 所示。

头粗丝规格为 10cm×0.4cm×0.4cm（长×宽×高），如彩图二所示。

图 2.38

 任务评价

全班分成 6～8 个实训小组，小组成员相互配合，独立完成。要求成员在规定时间内切二粗丝、头粗丝，二粗丝规格为 10cm×0.3cm×0.3cm（长×宽×高），头粗丝规格为 10cm×0.4cm×0.4cm（长×宽×高），并填写表 2.4。

表 2.4　任务评价

考核要素	评分标准	要　　求		得　　分		
				自评 20%	互评 30%	师评 50%
二粗丝、头粗丝	操作过程（80 分）	准备	操作姿势正确（20 分）			
		实施	按时完成任务练习（20 分）			
			达到 90%的出料率（20 分）			
		结束	台面干净利落（10 分）			
			工作服干净、整洁（10 分）			
	成品规格（20 分）	成品符合规格				
合计	100 分					

任务 2.5　银针丝的切法

 任务目标

1）了解银针丝成品规格标准。
2）掌握正确切配银针丝的操作方法。
3）具备常用原料加工成银针丝的能力。

 任务准备

需要准备的原料和器具为白萝卜、切刀、砧板、方巾。

 任务实施

1）将备好的原料放在砧板的右侧，用刀刃的前部对准原料要片的位置，如图 2.39 所示。
2）将刀的前端紧贴原料，用左手食指或中指感受片的厚度，如图 2.40 所示。

图 2.39

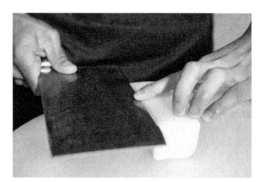

图 2.40

3）右手握住刀柄，放平刀身，左手按住原料的上部，用力不要太猛，如图 2.41 所示。

4）将刀刃平行地从右侧片进，全刀着力，刀从右前方向左后方推进，用力将原料片开，如图 2.42 所示。

图 2.41

图 2.42

5）用左手拿起片下的原料，放置于砧板左侧，再用刀前端压住原料一端将原料拉直，并用左手手指按住原料，手指分开使原料贴附在砧板上，将片好的片码放整齐并对折，如图 2.43 所示。

6）一般左手按稳原料，右手持刀。切时，刀垂直向下，由后向前运刀，前端进料，后端断料，着力点在刀的后部，如图 2.44 所示。

7）将切好的原料放入清水中，如图 2.45 所示。

图 2.43

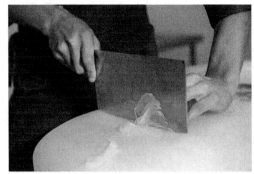

图 2.44

图 2.45

小提示

　　操作要领：原料要扶稳，防止滑动，片刀进原料后，左手向下施加压力，运刀时用力要充分，尽可能将原料一刀片开。若一刀未片开，可继续推片直到原料完全片开为止。

　　适用原料：脆性原料。

　　成品标准：银针丝规格为 10cm×0.1cm×0.1cm（长×宽×高），如彩图三所示。

　　将切好的银针丝成品放在器皿里规定的地方，任务完成后打扫台面卫生，整理器具，刀具、器皿、方巾归位。

任务评价

全班分成 6~8 个实训小组，小组成员相互配合，独立完成。要求成员在规定时间内片、切银针丝，规格为 10cm×0.1cm×0.1cm（长×宽×高），并填写表2.5。

表2.5 任务评价

考核要素	评分标准		要 求	得 分		
				自评 20%	互评 30%	师评 50%
银针丝	操作过程（80分）	准备	操作姿势正确（20分）			
		实施	能按时完成任务练习（20分）			
			达到90%的出料率（20分）			
		结束	台面干净利落（10分）			
			工作服干净、整洁（10分）			
	成品规格（20分）		成品符合规格			
合计			100分			

任务 2.6 牛舌片、灯影片的切法

任务目标

1）了解牛舌片、灯影片成品规格标准。

2）掌握正确切配牛舌片、灯影片的操作方法。

3）具备常用原料加工成牛舌片、灯影片的能力。

任务准备

需要准备的原料和器具为莴笋、红薯、片刀、砧板、方巾。

任务实施

1）将备好的原料放在砧板的右侧，用刀刃的前部对准原料要片的位置，如图 2.46 所示。

2）将刀的前端紧贴原料，用左手食指或中指感受片的厚度，如图 2.47 所示。

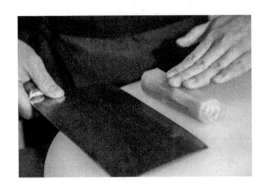

图 2.46　　　　　　　　　　　　　　　　　图 2.47

3）右手握住刀柄，放平刀身，左手按住原料的上部，用力不要太猛，如图 2.48 所示。

4）将刀刃平行地从右侧片进，全刀着力，从右前方向左后方运行，用力将原料片开，如图 2.49 所示。

图 2.48　　　　　　　　　　　　　　　　　图 2.49

5）刀堂贴住片开的原料，继续向左后方运行至原料一端，随即用刀前端挑起片下的原料一端，如图 2.50 所示。

6）左手拿起片下的原料，放置于砧板左侧，再用刀前端压住原料一端将原料拉直，并用左手手指按住原料，手指分开使原料贴附在砧板上，如图 2.51 所示。

小提示

　　操作要领：原料要扶稳，防止滑动，片刀进原料后，左手向下施加压力，运刀时用力要充分，尽可能将原料一刀片开。若一刀未片开，可继续推片至原料完全片开为止。

適用原料：脆性原料。

成品标准：牛舌片：12cm×3cm×0.1cm（长×宽×高），如彩图四所示。灯影片：8cm×4cm×0.1cm（长×宽×高），如彩图五所示。

图 2.50

图 2.51

将切好的牛舌片、灯影片成品放在器皿里规定的地方，任务完成后打扫台面卫生，整理器具，刀具、器皿、方巾归位。

任务评价

全班分成 6～8 个实训小组，小组成员相互配合，独立完成。要求成员在规定时间内片牛舌片，规格为 12cm×3cm×0.1cm（长×宽×高）；片灯影片，规格为 8cm×4cm×0.1cm（长×宽×高），并填写表 2.6。

表 2.6　任务评价

考核要素	评分标准		要　求	得　分		
				自评 20%	互评 30%	师评 50%
牛舌片、灯影片	操作过程（80分）	准备	操作姿势正确（20分）			
		实施	能按时完成任务练习（20分）			
			达到 90% 的出料率（20分）			
		结束	台面干净利落（10分）			
			工作服干净、整洁（10分）			
	成品规格（20分）		成品符合规格			
合计			100 分			

任务 2.7　骨牌片的切法

任务目标

1）了解骨牌片成品规格标准。

2）掌握正确切配骨牌片的操作方法。

3）具备常用原料加工成骨牌片的能力。

任务准备

需要准备的原料和器具为胡萝卜、片刀、砧板、方巾。

任务实施

1）先按规格将原料加工成段、条、块，如图 2.52 所示。

2）左手要扶稳原料，如图 2.53 所示。

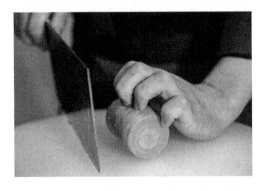
图 2.52

图 2.53

3）右手操刀时，刀堂要紧贴原料被切面，由后向前运用腕力切下去，落刀要垂直，不偏里偏外，如图 2.54 所示。

4）左手中指第一关节抵住刀身向左后方移动，移动时要保持同等距离，不要忽快忽慢、偏宽偏窄，使切出的原料形状均匀，整齐，同时左手要按稳原料，着力点在刀的后部，一切推到底，不再向后回拉，刀的着力点在刀的根部，如图 2.55 所示。

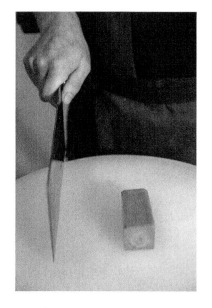

图 2.54

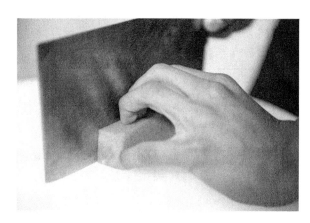

图 2.55

5）反复将原料切完，如图 2.56 所示。

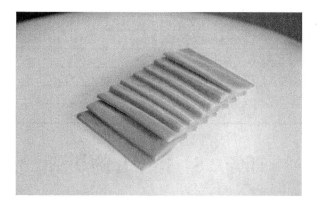

图 2.56

小提示

操作要领：原料要扶稳，防止滑动，片刀进原料后，左手向下施加压力，运刀时用力要充分，尽可能将原料一刀片开。若一刀未片开，可继续推片至原料完全片开为止。

适用原料：土豆、胡萝卜、黄瓜、豆腐干、草鱼肉等。

成品标准：骨牌片规格为 7cm×2.5cm×0.3cm（长×宽×高），如彩图六所示。

小骨牌片规格为 5cm×2cm×0.2cm（长×宽×高），如彩图七所示。

将切好的骨牌片成品放在器皿里规定的地方，任务完成后打扫台面卫生，整理器具，刀具、器皿、方巾归位。

任务评价

全班分成 6～8 个实训小组，小组成员相互配合，独立完成。要求成员在规定时间内切骨牌片，骨牌片规格为 7cm×2.5cm×0.3cm（长×宽×高），小骨牌片规格为 5cm×2cm×0.2cm（长×宽×高），并填写表 2.7。

表 2.7 任务评价

考核要素	评分标准		要　　　求	得　　分		
				自评 20%	互评 30%	师评 50%
骨牌片、小骨牌片	操作过程（80 分）	准备	操作姿势正确（20 分）			
		实施	能按时完成任务练习（20 分）			
			达到 90%的出料率（20 分）			
		结束	台面干净利落（10 分）			
			工作服干净、整洁（10 分）			
	成品规格（20 分）		成品符合规格			
合计			100 分			

任务 2.8　指甲片的切法

任务目标

1）了解指甲片成品规格标准。

2）掌握正确切配指甲片的操作方法。

3）具备常用原料加工成指甲片的能力。

任务准备

需要准备的原料和器具为姜、蒜、片刀、砧板、方巾。

任务实施

1）先按规格将原料加工成段、条、块，如图 2.57 所示。

2）左手要扶稳原料，如图 2.58 所示。

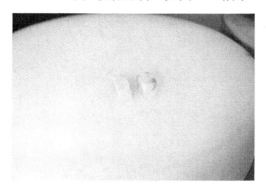

图 2.57

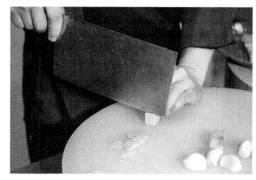

图 2.58

3）右手操刀时，刀堂要紧贴原料被切面由后向前，运用腕力切下去，落刀要垂直，不偏里偏外，如图 2.59 所示。

4）左手中指第一关节抵住刀身向左后方移动，移动时要保持同等距离，不要忽快忽慢、偏宽偏窄，使切出的原料形状均匀、整齐，同时左手要按稳原料，着力点在刀的后部，一切推到底，不再向后回拉，刀的着力点在刀的根部，如图 2.60 所示。

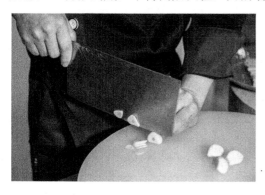

图 2.59

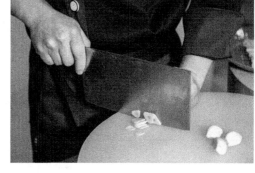

图 2.60

5）反复将原料切完，如图 2.61 所示。

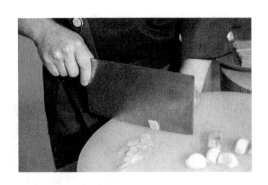

图 2.61

小提示

　　操作要领：原料要扶稳，防止滑动，片刀进原料后，左手向下施加压力，运刀时用力要充分，尽可能将原料一刀片开。

　　适用原料：脆性的菜梗、生姜，或圆形、圆柱形的原料。

　　成品标准：指甲片规格为 1.2cm×1.2cm×0.15cm（长×宽×高），如彩图八所示。

　　将切好的指甲片成品放在器皿里放在规定地方，任务完成后打扫台面卫生，整理器具，刀具、器皿、方巾归位。

任务评价

　　全班分成 6～8 个实训小组，小组成员相互配合，独立完成。要求成员在规定时间内切指甲片，规格为 1.2cm×1.2cm×0.15cm（长×宽×高），并填写表2.8。

表2.8　任务评价

考核要素	评分标准		要　　求	得　　分		
				自评20%	互评30%	师评50%
指甲片	操作过程（80分）	准备	操作姿势正确（20分）			
		实施	能按时完成任务练习(20分)			
			达到90%的出料率（20分）			
		结束	台面干净利落（10分）			
			工作服干净、整洁（10分）			
	成品规格（20分）		成品符合规格			
合计			100分			

任务 2.9　柳叶片的切法

任务目标

1）了解柳叶片成品规格标准。
2）掌握正确切配柳叶片的操作方法。
3）具备常用原料加工成柳叶片的能力。

任务准备

需要准备的原料和器具为胡萝卜、片刀、砧板、方巾。

任务实施

1）先按规格将原料加工成横切面形如柳叶状的长柱形，如图 2.62 和图 2.63 所示。

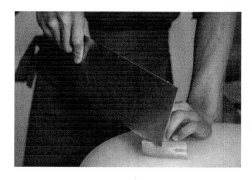 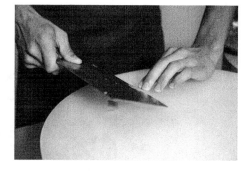

图 2.62　　　　　　　　　　　　　　　　　　图 2.63

2）将切好的原料放置在砧板中央，左手要扶稳原料，如图 2.64 所示。

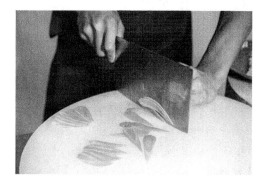

图 2.64

3）右手操刀时，刀堂要紧贴原料被切面由后向前，运用腕力切下去，落刀要垂直，不偏里偏外，如图 2.65 所示。

4）左手中指第一关节抵住刀身向左后方移动，移动时要保持同等距离，不要忽快忽慢、偏宽偏窄，使切出的原料形状均匀、整齐，同时左手要按稳原料，着力点在刀的后部，一切推到底，不再向后回拉，刀的着力点在刀的根部，如图 2.66 所示。

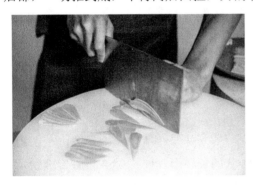

图 2.65

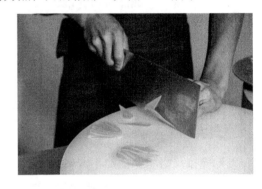

图 2.66

5）反复将原料切完，如图 2.67 所示。

图 2.67

小提示

操作要领：原料要扶稳，防止滑动，片刀进原料后，左手向下施加压力，运刀时用力要充分，尽可能将原料一刀切开。

适用原料：黄瓜、红肠、胡萝卜。

成品标准：柳叶片规格为 8cm×3cm×0.2cm（长×宽×高，形如柳叶），如彩图九所示。

将切好的柳叶片成品放在器皿里规定的地方，任务完成后打扫台面卫生，整理器具，刀具、器皿、方巾归位。

任务评价

全班分成 6～8 个实训小组，小组成员相互配合，独立完成。要求成员在规定时间内切柳叶片，规格为 8cm×3cm×0.2cm（长×宽×高，形如柳叶），并填写表2.9。

表2.9　任务评价

考核要素	评分标准		要　　求	得　分		
				自评20%	互评30%	教师评价50%
柳叶片	操作过程（80分）	准备	操作姿势正确（20分）			
		实施	能按时完成任务练习（20分）			
			达到90%的出料率（20分）			
		结束	台面干净利落（10分）			
			工作服干净、整洁（10分）			
	成品规格（20分）		成品符合规格			
合计			100分			

任务 2.10　菱形块的切法

任务目标

1）了解菱形块成品规格标准。
2）掌握运用正确刀法切配菱形块的操作方法。
3）具备运用烹饪行业常用原料加工成菱形块的能力。

任务准备

需要准备的原料和器具为莴笋、片刀、砧板、盛器、毛巾。

任务实施

1）将备好的原料放置在砧板中央，左手要扶稳原料，如图2.68所示。

2）右手操刀时，刀堂要紧贴原料被切面由后向前，运用腕力切下去，落刀要垂直，不偏里偏外，如图 2.69 所示。

图 2.68   图 2.69

3）左手中指第一关节抵住刀身向左后方移动，移动时要保持同等距离，不要忽快忽慢、偏宽偏窄，使切出的原料形状均匀、整齐，同时左手要按稳原料，着力点在刀的后部，一切推到底，不再向后回拉，刀的着力点在刀的根部，如图 2.70 所示。

4）反复将原料切完，如图 2.71 所示。

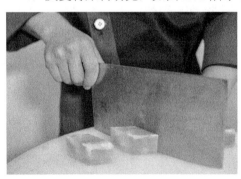

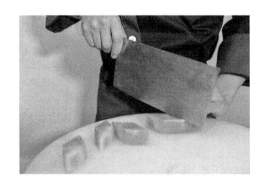

图 2.70   图 2.71

小提示

操作要领：一般左手按稳原料，右手持刀。切时，刀垂直向下，由后向前运刀，前端进料，后端断料，着力点在刀的后部。

适用原料：土豆、胡萝卜、莴笋等脆性原料。

成品标准：菱形块规格为 5cm×2.5cm×2cm（长对角线×短对角线×高），如彩图十所示。

将切好的菱形块成品放在器皿里，将装有菱形块的器皿放在规定的地方，任务完成后打扫台面卫生，整理器具，刀具、器皿、方巾归位。

任务评价

全班分成 6～8 个实训小组，小组成员相互配合，独立完成。要求成员在规定时间内切菱形块 480g，规格为 5cm×2.5cm×2cm（长对角线×短对角线×高），并填写表 2.10。

表 2.10　任务评价

考核要素	评分标准		要　　求	得　　分		
				自评20%	互评30%	师评50%
菱形块	操作过程（80分）	准备	操作姿势正确（20分）			
		实施	能按时完成任务练习（20分）			
			达到90%的出料率（20分）			
		结束	台面干净利落（10分）			
			工作服干净、整洁（10分）			
	成品规格（20分）		成品符合规格			
合计	100 分					

任务 2.11　滚料块的切法

任务目标

1）了解滚料块的规格标准。

2）掌握滚料块的切配方法。

3）具备常用原料加工成滚料块的能力。

任务准备

需要准备的原料和器具为胡萝卜、切刀、砧板、方巾。

任务实施

1）将洗净备好的原料放在砧板上，左手要扶稳原料，如图 2.72 所示。

2）右手操刀时，刀堂要紧贴原料被切面，由后向前运用腕力切下去，落刀要垂直，不偏里偏外，如图 2.73 所示。

图 2.72   图 2.73

3）左手中指第一关节抵住刀身向左后方移动，移动时要保持同等距离，不要忽快忽慢、偏宽偏窄，使切出的原料形状均匀、整齐，同时左手要按稳原料，着力点在刀的后部，一切推到底，不再向后回拉，刀的着力点在刀的根部，如图 2.74 所示。

4）反复将原料切完，如图 2.75 所示。

图 2.74   图 2.75

小提示

操作要领：一般左手按稳原料，右手持刀。切时，刀垂直向下，由后向前运刀，前端进料，后端断料，着力点在刀的后部。

适用原料：土豆、胡萝卜、莴笋。

成品标准：滚料块规格为 4cm×2cm（长×背高），如彩图十一所示。

将切好的滚料块成品放在器皿里规定的地方，任务完成后打扫台面卫生，整理器具、刀具、器皿、方巾归位。

任务评价

全班分成 6～8 个实训小组，小组成员相互配合，独立完成。要求成员在规定时间内加工规格为 4cm×2cm（长×背高）的滚刀块 400g，并填写表 2.11。

表 2.11　任务评价

考核要素	评分标准		要求	得分		
				自评 20%	互评 30%	师评 50%
滚料块	过程（80 分）	准备	操作姿势正确（20 分）			
		实施	能按时完成任务练习（20 分）			
			达到 90% 的出料率（20 分）			
		结束	台面干净利落（10 分）			
			工作服干净、整洁（10 分）			
	成品规格（20 分）		成品规格			
合计			100 分			

任务 2.12　条 的 切 法

任务目标

1）了解条的规格标准。

2）掌握条的切配方法。

3）具备常用原料加工成条的能力。

任务准备

需要准备的原料和器具为芥菜、切刀、砧板、方巾。

 任务实施

1）将洗净备好的原料放在砧板上，左手要扶稳原料，如图 2.76 所示。

2）右手操刀时，刀堂要紧贴原料被切面，由后向前运用腕力切下去，落刀要垂直，不偏里偏外，如图 2.77 所示。

图 2.76   图 2.77

3）左手中指第一关节抵住刀身向左后方移动，移动时要保持同等距离，不要忽快忽慢、偏宽偏窄，使切出的原料形状均匀、整齐，同时左手要按稳原料，着力点在刀的后部，一切推到底，不再向后回拉，刀的着力点在刀的根部，如图 2.78 所示。

图 2.78

4）反复将原料切完，如图 2.79 所示。

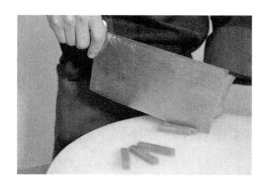

图 2.79

小提示

操作要领：一般左手按稳原料，右手持刀。切时，刀垂直向下，由后向前运刀，前端进料，后端断料，着力点在刀的后部。

适用原料：土豆、胡萝卜、猪里脊肉等动植物原料。

成品标准：筷子条规格为 5cm×0.8cm×0.8cm（长×宽×高），如彩图十二所示。

将切好的条成品放在器皿里规定的地方，任务完成后打扫台面卫生，整理器具、刀具、器皿、方巾归位。

任务评价

全班分成 6～8 个实训小组，小组成员相互配合，独立完成。要求成员在规定时间内加工规格为 6cm×1.3cm×1.3cm（长×宽×高）的一字条 200g，并填写表 2.12。

表 2.12 任务评价

考核要素	评分标准		要 求	得 分		
				自评 20%	互评 30%	师评 50%
条	过程（80 分）	准备	操作姿势正确（20 分）			
		实施	能按时完成任务练习（20 分）			
			达到 90% 的出料率（20 分）			
		结束	台面干净利落（10 分）			
			工作服干净、整洁（10 分）			
	成品规格（20 分）		成品符合规格			
合计			100 分			

任务 2.13　丁 的 切 法

任务目标

1）了解丁的规格标准。

2）掌握丁的切配方法。

3）具备将常用原料加工成丁的能力。

任务准备

需要准备的原料和器具为胡萝卜、切刀、砧板、方巾。

任务实施

1）将洗净备好的原料放砧板上，左手要扶稳原料，如图 2.80 所示。

2）右手操刀时，将原料切为长条，刀堂要紧贴原料被切面，由后向前运用腕力切下去，落刀要垂直，不偏里偏外，如图 2.81 所示。

图 2.80　　　　　　　　　　　　　　　　　图 2.81

3）将条切为丁，左手中指第一关节抵住刀身向左后方移动，移动时要保持同等距离，不要忽快忽慢、偏宽偏窄，使切出的原料形状均匀、整齐，同时左手要按稳原料，着力点在刀的后部，一推到底，不再向后回拉，刀的着力点在刀的前部，如图 2.82 所示。

4）反复将原料切完，如图 2.83 所示。

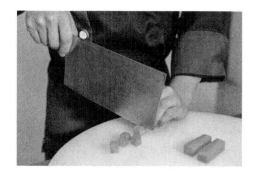

图 2.82   图 2.83

小提示

操作要领：一般左手按稳原料，右手持刀。切时，刀垂直向下，由后向前运刀，前端进料，后端断料，着力点在刀的后部。

适用原料：土豆、猪五花肉等动植物原料。

成品标准：丁的规格为 1.5cm×1.5cm×1.5cm（长×宽×高），如彩图十三所示。

将切好的丁成品放在器皿里规定的地方，任务完成后打扫台面卫生，整理器具、刀具、器皿、方巾归位。

任务评价

全班分成 6～8 个实训小组，小组成员相互配合，独立完成。要求成员在规定时间内加工规格为 1.5cm×1.5cm×1.5cm（长×宽×高）的丁 500g，并填写表 2.13。

表 2.13　任务评价

考核要素	评分标准		要求	得分		
				自评 20%	互评 30%	师评 50%
丁	过程（80分）	准备	操作姿势正确（20分）			
		实施	能按时完成任务练习（20分）			
			达到 90% 的出料率（20分）			
		结束	台面干净利落（10分）			
			工作服干净、整洁（10分）			
	成品规格（20分）		成品符合规格			
合计			100分			

任务 2.14　麦穗形的切法

任务目标

1）了解麦穗形成品规格标准。
2）掌握正确切配麦穗形的操作方法。
3）具备常用原料加工成麦穗形的能力。

任务准备

需要准备的原料和器具为鱿鱼、片刀、砧板、方巾、盛器、器皿。

任务实施

1）用刀刃中前部位对准原料被剞位置，如图 2.84 所示。

2）刀自左后方向右前方运动，直至进深到一定程度时，然后再施刀推剞，直至将原料剞完，如图 2.85 所示。

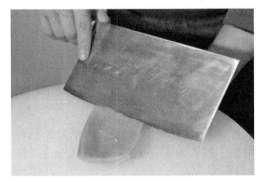

图 2.84　　　　　　　　　　　　　　　　图 2.85

3）将原料转 90°，用直刀剞的刀法剞成一条条与斜刀纹成直角相交的平行直刀纹，然后将原料切成 3cm 左右的长方块，经过加热就能卷成麦穗形。深度均为原料厚度的 4/5，要求刀纹清晰，间距相等，深浅一致，焯水成形，如图 2.86～图 2.89 所示。

图 2.86

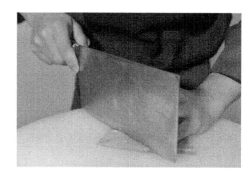

图 2.87

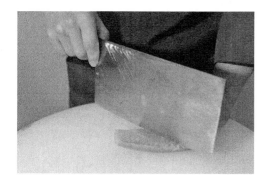

图 2.88

图 2.89

小提示

适用原料：墨鱼、鱿鱼、猪肾等原料。

成品标准：麦穗的规格为 10cm×3cm（长×宽），如彩图十四所示。

将切好的麦穗形成品放在器皿里规定的地方，任务完成后整理物品、收拾台面、打扫卫生。

任务评价

全班分成 6～8 个实训小组，小组成员在相互配合的基础上独立完成实训任务，并填写表 2.14。

表 2.14　任务评价

考核要素	评分标准	要　　求	得　分		
			自评 20%	互评 30%	师评 50%
麦穗	60 分	刀距均匀约 0.2cm（20 分）；			
		深浅一致约为原料厚度的 4/5（20 分）；			
		长 4～5cm、宽 2～2.5cm 的长方块（20 分）			
操作时间	40 分	一定质量的原料加工时间			
合计		100 分			

任务 2.15　菊 花 花 形

 任务目标

1）了解菊花花形成品规格标准。
2）掌握正确切配菊花花形的操作方法。
3）具备常用原料加工成菊花花形的能力。

 任务准备

需要准备的原料和器具为鸡肫、片刀、砧板、方巾、盛器、器皿。

 任务实施

1）将备好原料放在砧板上，右手持刀，左手扶稳原料，中指第一关节弯曲处顶住刀堂，如图 2.90 所示。

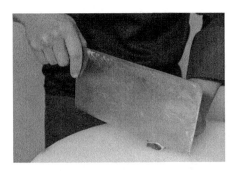

图 2.90

2）用刀刃中前部位对准原料被剞位置。刀自右后方向左前方运动，直至进深到原料的 4/5，如图 2.91 所示。

3）将剞刀后的原料转 90°，直刀推剞成一条条与第一次刀纹相垂直、深度相同的平行纹，如图 2.92 所示。

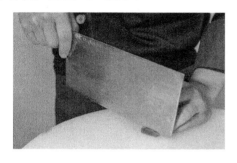
图 2.91

图 2.92

4）再施刀推剞，直至将原料剞完，然后焯水成形，如图 2.93 和图 2.94 所示。

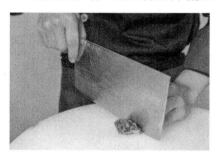
图 2.93

图 2.94

小提示

适用原料：鸡肫、猪肾等原料。

成品标准：菊花花形原料厚度为 3cm，成品规格为 $4cm^2$，如彩图十五所示。

将切好的菊花花形成品放在器皿里规定的地方，任务完成后整理物品、收拾台面、打扫卫生。

任务评价

全班分成 6～8 个实训小组，小组成员在相互配合的基础上独立完成实训任务，见表 2.15。

表 2.15　任务评价

考核要素	评分标准	要　求	得　分		
			自评 20%	互评 30%	师评 50%
菊花花形	60 分	花纹均匀，刀距相等，两次刀路呈垂直交叉状，深度一致，没有穿花，花形大小均匀			
操作时间	40 分	一定质量的原料加工时间			
合计		100 分			

任务 2.16　凤 尾 花 形

任务目标

1）了解凤尾花形成品规格标准。

2）掌握正确切配凤尾花形的操作方法。

3）具备常用原料加工成凤尾花形的能力。

任务准备

需要准备的原料和器具为黄瓜、片刀、砧板、方巾、盛器、器皿。

任务实施

1）将备好的原料放在砧板上，右手持刀，左手扶稳原料，中指第一关节弯曲处顶住刀膛，如图 2.95 所示。

2）将黄瓜切一切两开，在原料长度的 4/5 处斜切成连刀片，每切 5 片或 7 片、9 片、11 片为一组，将原料断开，如图 2.96 所示。

3）每隔一片弯曲一片别住。

小提示

操作要领：每片切的厚度要一致，大小要均匀。

适用原料：黄瓜、冬笋、胡萝卜等。

成品标准：凤尾花形规格为 10cm×1cm×1cm（长×宽×高），如彩图十六所示。

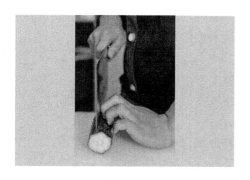

图 2.95

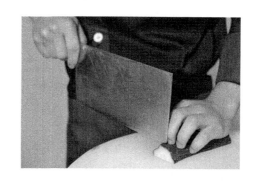

图 2.96

将切好的凤尾花形成品放在器皿里规定的地方，任务完成后整理物品、收拾台面、打扫卫生。

任务评价

全班分成 6～8 个实训小组，小组成员在相互配合的基础上独立完成实训任务，见表 2.16。

表 2.16　任务评价

考核要素	评分标准	要求	得分		
			自评 20%	互评 30%	师评 50%
凤尾花形	60 分	花纹均匀、刀距相等、清爽、无碎渣、先斜刀后直刀，花形条粗细均匀，前端 1/3 处断开、后部相连			
操作时间	40 分	一定质量的原料加工时间			
合计		100 分			

思考与练习

一、判断题

1. 刀工操作时身体与砧板要保持 15cm。　　　　　　　　　　　　　（　　）

2. 刀工就是按食用和烹调的要求，使用不同的刀具，运用不同的刀法，将使用半成品原料切割成各种不同形状的操作技术。　　　　　　　　　　　　　（　　）

3. 磨刀石是刀工实施过程中的衬垫工具，刀板是辅助工具。　　　　　（　　）

4．砧板使用之后要用清水或碱水刷洗，刮净油污，保持清洁。　　（　　）

5．砧板一般选择银杏木、橄榄木、柳木、榆木等作为材料锯制而成。　（　　）

6．砧板用完后应在太阳下晒干。　　（　　）

7．原料成形的形态与原料的质地、大小、厚度有密切的关系。　　（　　）

8．推刀切操作时要求刀与砧板垂直，及自上而下从右后方向左前方推切下去，一推到底，将原料断开。　　（　　）

9．用刀以后必须用清水洗净刀身，再用洁布擦干刀身两面的水分。　　（　　）

10．中丁的规格是 $1cm^2$。　　（　　）

11．刀工要根据烹调成品要求，因材施刀、均匀一致并物尽其用，减少浪费。　（　　）

12．大、小麦穗形花刀（如腰花），其主要的区别是原料体积的大小。　（　　）

二、单项选择题

1．磨刀必须按一定的程序进行，向前平推至磨刀石尽头，然后向后拉，始终保持刀与模式的夹角为（　　）。

　　A．3°～5°　　　　　　　　　　　　B．6°～10°

　　C．10°～15°　　　　　　　　　　　D．15°～20°

2．一般刀身轻而薄，刀口锋利，尖劈角小，是切、批工作中最主要的刀具是（　　）。

　　A．批刀　　　　B．砍刀　　　　C．文武刀　　　　D．特种刀

3．下列不属于刀工要求的是（　　）。

　　A．因材施刀　　B．随意施刀　　C．均匀一致　　　D．物尽其用

4．"块"的原料成形，大体可分（　　）、方块、劈柴块、滚料块等。

　　A．象眼块　　　B．圆块　　　　C．球块　　　　　D．肢体块

5．丝有（　　）、长短之分，但要求切丝必须均匀。

　　A．粗细　　　　B．厚薄　　　　C．大小　　　　　D．轻重

6．粒比丁小，比末大，如（　　）大小，切法可将粗丝切成粒。

　　A．豌豆　　　　B．黄豆　　　　C．蚕豆　　　　　D．刀豆

7．刀刃与原料接触角度为（　　），称斜刀法。

　　A．锐角或钝角　B．直角　　　　C．平角　　　　　D．圆周角

8．刀工美化的作用之一是便于美化菜肴的（　　）。

　　A．图案　　　　B．色彩　　　　C．形体　　　　　D．外观

9．加工面包片可以采用（　　）的刀法加工成形。

　　A．直切　　　　B．铡切　　　　C．锯切　　　　　D．拉切

三、填空题

1. 刀工是运用_____及相关用具，采用各种刀法和指法，把不同的_____加工成_____的技艺。

2. 磨刀石有_____磨刀石和_____磨刀石两大类。

四、简答题

1. 站案的姿势有什么要求？

2. 为什么要求规范握刀、摆放刀具？

3. 细丝、二粗丝、头粗丝的规格是什么？怎样切好细丝、二粗丝、头粗丝？

4. 菊花形花刀的操作要领有哪些？

5. 剞花刀时，刀纹的疏密、深浅与烹调方法有何关系？为什么？

6. 常见的条有哪些？规格是什么？

7. 常见的花刀工艺，除了本书介绍的，你还知道哪些？

项目3 勺工技术

内容提要

本项目包含 4 个任务，通过本项目的学习与训练，让学生认识勺工常用的设备及器皿，懂得锅、勺等设备的选购与保养，学会手勺的使用，掌握端锅翻、拖拉翻的翻锅技术。

项目描述

勺工又称为翻锅技术，即在烹制菜肴的过程中，运用相应的力量及不同的推、拉、送、扬、托、翻、晃、转等动作，使锅内的烹饪原料能够不同程度地前后左右翻动，使菜肴在加热、调味、勾芡和装盘等方面达到应有的质量要求，是中餐厨师的基本功之一。勺工是烹饪技术中最重要、最基础的一项内容，是一门综合性的技术。操作过程中受到多方面因素的影响。勺工技术还受勺工设备和工具等客观因素的制约。炒锅置火上，原料在锅中，由生到熟，只不过瞬间变化，稍有不慎就会失烹。因此，作为一名优秀的烹调技术人员，必须认识勺工设备，掌握锅具保养方法；学会端锅翻、拖拉翻技术，这样才能使烹调技术得以更好地发挥。学习烹调技术，必须要掌握好勺工技艺，才能适应烹调菜肴的需要。同时，勺工又是一项劳动强度较高且比较复杂的技能。只有在正确理论的指导下，反复实践，才能熟能生巧，运用自如，为学习和掌握烹调技术打下牢固的基础。

相关知识

翻勺是烹调师重要的基本功之一，翻勺技术功底的深浅可直接影响菜肴的质量。炒勺置火上，料入炒勺中，原料由生到熟只不过是瞬间变化，稍有不慎就会失误。因此，翻勺对菜肴的烹调至关重要。其作用主要有以下几个方面。

1．使烹饪原料受热均匀

烹饪原料在炒勺内的温度的高低，一方面可以通过控制火源进行调节；另一方面可运用翻勺来控制，通过翻勺可使烹饪原料在炒勺内受热均匀。

2．使烹饪原料入味均匀

由于炒勺内的原料不断翻动，因此勺内的各种调料能够快速均匀地溶解，充分与菜肴中的各种原料混合掺透，达到入味均匀的目的。

3．使烹饪原料着色均匀

通过翻勺的运用，确保成品菜肴色泽均匀一致，如用煎、贴等烹调方法制作的菜肴是上色，有色调料在菜肴中的分布，均是依靠翻勺实现的。

4．使烹饪原料挂芡均匀

通过晃勺、翻勺，可以达到挂芡均匀包裹原料的目的。

5．保持菜肴的形态

许多菜要求成菜后要保持一定的形态，如用扒、煎等烹调方法制作的菜肴均须采用大翻勺，将勺中的原料进行 180°的翻转，以保持其形态的完整。

任务 3.1　勺功基础知识

任务目标

1）了解勺工设备的基本知识。
2）掌握锅、勺保养的基本方法。
3）具备常用锅、勺的选购及保养能力。

任务准备

需要准备的器具为燃气灶、锅具、炒勺、锅铲、炒瓢、漏勺、油筛子、锅刷、毛巾、盛具。

任务实施

1. 认识燃气灶

（1）燃气灶

燃气灶的优点为炉灶方便、实用、干净、卫生，根据需要可随时调节火力的大小；缺点为在使用时要注意安全，随时保持空气流畅，防止室内燃气浓度过高引发爆炸，如图3.1和图3.2所示。

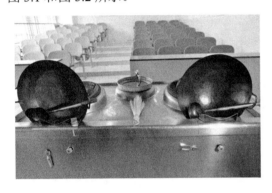

图3.1

图3.2

（2）燃油灶

燃油灶的优点为炉灶火力强劲猛烈，节约时间；缺点为污染较重。燃油灶在没有通煤气的地方使用较多，使用时要调节好火力的大小，并注意清洁卫生，如图3.3所示。

图3.3

（3）电炉灶

电炉灶的优点为火力较强，方便、卫生、安全；缺点为第一次投入成本较高，如图3.4所示。

图3.4

2. 认识勺工练习的主要器具

（1）锅具

锅具是加热的器具，根据烹调方法及用途的不同，可以分为炒锅（图3.5和图3.6）、蒸锅（图3.7和图3.8）、汤锅（图3.9和图3.10）、煎锅（图3.11）等多种。

图3.5

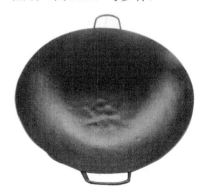

图3.6

图 3.7

图 3.8

图 3.9

图 3.10

图 3.11

（2）手勺

手勺是烹调中用于搅拌菜肴、添加调料、舀汤、舀原料、协翻菜肴以及盛装菜肴的工具，一般用熟铁或不锈钢材料制成。手勺的规格分为大、中、小 3 种型号。应根据烹调的需要，选择使用相应的手勺，如图 3.12 所示。

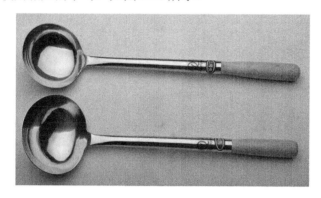

图 3.12

（3）锅铲

锅铲又称手铲，是炒菜时用来搅拌锅底原料的器具，有不锈钢和铁质两种，大部分手握的锅铲把都是木质的，大小因人而异，有多种规格，如图 3.13 和图 3.14 所示。

图 3.13

图 3.14

（4）炒瓢

炒瓢指焯水和过油时用于过滤原料的用具，如图 3.15 所示。

（5）漏勺

漏勺指用于过滤较细原料或过滤料渣的用具，如图 3.16 所示。

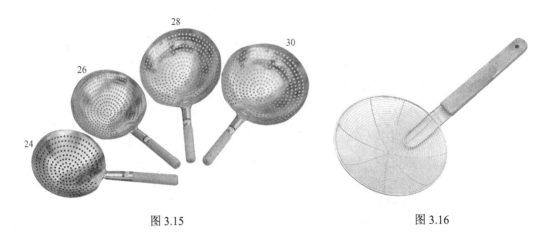

图 3.15   图 3.16

（6）油筛子

油筛子也称密漏，用于过滤油中的料渣或细小的杂物，如图 3.17 所示。

图 3.17

（7）锅刷

锅刷指竹制品，用于洗锅、刷锅的用具。有时也使用钢丝刷、百洁布、丝瓜瓤等。钢丝刷质地较硬，清洁比较彻底，同时对锅的损伤也最大；丝瓜瓤质地柔软，清洁效果不及百洁布和炊帚，但是它是天然环保的。应根据实际需要选择相应的清洁工具[钢丝刷、百洁布、炊帚（刷把）、丝瓜瓤]，如图 3.18～图 3.21 所示。

图 3.18

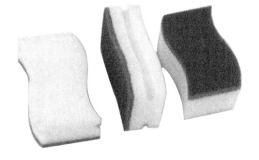

图 3.19

图 3.20

图 3.21

（8）毛巾

毛巾又叫抹布、随手，端锅时用于垫手用，如图 3.22 所示。

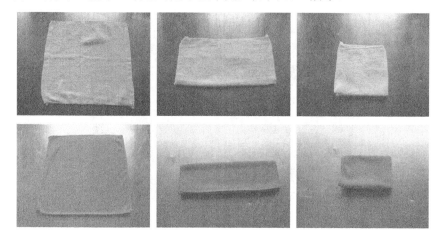

图 3.22

（9）盛具

盛具指装盛菜肴的盘、碗、盆、盅等器具。随着餐饮行业的发展，器具也出现多样化，有盘（图3.23）、碗（图3.24）、盆（图3.25）、异形器皿（图3.26）、盅（图3.27）等。

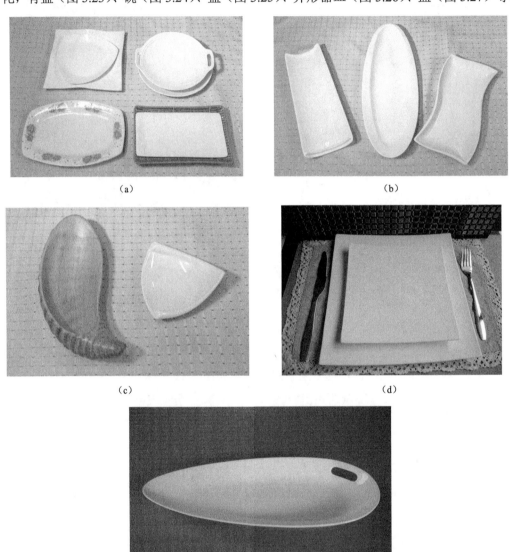

（a）

（b）

（c）

（d）

（e）

图3.23

（a）

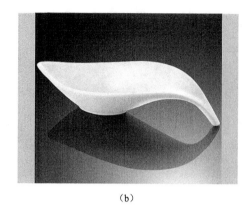

（b）

图 3.24

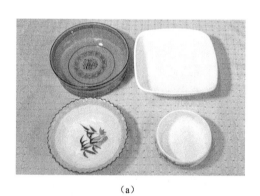

（a）

（b）

图 3.25

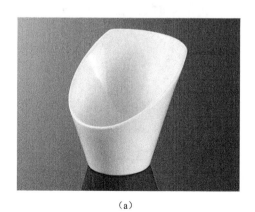

（a）

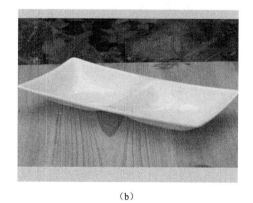

（b）

图 3.26

（a）

（b）

图 3.27

3. 锅的保养

（1）新锅处理

1）检查新锅是否有沙眼，是否光滑。要用砂纸或红砖磨光，如图 3.28 和图 3.29 所示。

图 3.28

图 3.29

2）将锅烧热，用肥猪肉来回擦拭，或用食油润透，使锅干净、光滑、油润，如图 3.30 和图 3.31 所示。

图 3.30

图 3.31

3）在新锅里放入食盐，不停地翻炒，然后加水煮沸，利用食盐产生的摩擦力将锅具磨光，利用盐去除新锅的异味中，如图 3.32 所示。

图 3.32

（2）锅使用前的保养

1）如炒锅上芡汁、油垢较多不易擦净，可将炒锅，放在火源上炙烤，如图 3.33 所示。

2）把芡烤干后再用炊帚擦净，也可以撒上少许食盐，用炊帚擦净再用洁布擦干净，如图 3.34 所示。

图 3.33

图 3.34

（3）锅使用后的保养

炒锅使用结束后，将炒锅的里面、底部和把柄彻底清理、刷洗干净，放在指定的位置，如图 3.35 所示。

图 3.35

任务完成后整理物品，收拾台面，打扫卫生。

任务评价

独立完成锅的保养，并填写表 3.1。

表 3.1　任务评价

考核要素	评分标准	要　求	得　分		
			自评 20%	互评 30%	师评 50%
仪容仪表	15 分	着装规范、表情自然、仪态大方			
新锅保养	30 分	检查是否光滑、抛光、浸油、油润			
使用过程保养	30 分	火上炙烤、冲洗干净			
使用后保养	15 分	物品摆放整齐，放在指定的位置			
卫生习惯	10 分	保持工作环境干净、整洁			
合计		100 分			

任务 3.2　手 勺 技 术

任务目标

1）了解临灶握勺的基本知识。
2）掌握手勺在翻锅过程中的各种用法。
3）具备临灶使用手勺的操作能力。

任务准备

需要准备的器具为炉灶、双耳炒锅、单柄炒锅、炒勺、毛巾。

任务实施

1．临灶姿势

上身保持自然正直，自然含胸，略向前倾，面向炉灶站立，身体与灶台保持一定的距离（约 10cm）；两脚分开站立，两脚尖与肩同宽，为 40～50cm（可根据身高适当调整）。目光注视锅中原料的变化，如图 3.36 所示。

图 3.36

2. 握锅手势

（1）握单柄锅的手势

左手握住勺柄，手心朝右上方，大拇指在勺柄上面，其他四指弓起，指尖朝上，手掌与水平面约成 140° 夹角，合力握住勺柄，如图 3.37 所示。

（2）握双耳锅的手势

将毛巾对折后用左手大拇指紧锅耳的左上侧，其他四指微弓朝下，右斜托住锅壁，以握牢、握稳为准，使翻勺灵活自如，如图 3.38 所示。

图 3.37

图 3.38

3. 握手勺

食指前伸（对准勺碗背部方向），指紧贴勺柄右侧，大拇指伸直与食指、中指合力握住手勺柄后端，勺柄末端顶住手心，持握牢而不死，变向灵活自如，如图 3.39 和图 3.40 所示。

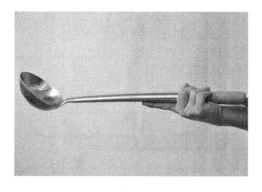

图 3.39

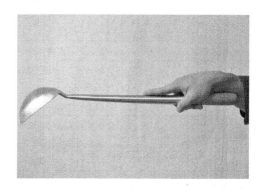

图 3.40

4. 手勺在菜肴制作中运用

（1）在爆、炒类菜肴中运用

原料下锅后，先用手勺翻拌原料将其炒散，再利用翻勺方法将原料全部翻转，使原料受热均匀。

（2）在勺芡中运用

在烹调过程中，根据需要用手勺舀取水、油或水淀粉，缓缓地将其淋入炒勺内，使分布均匀。当对菜肴施芡时，用手勺背部或其勺口前端向前推炒原料或芡汁，扩大其受热面积，使原料或芡汁受热均匀、成熟一致。

有些菜肴在即将成熟时，往往需要烹入碗芡或碗汁，为了使芡汁均匀包裹住原料，要用手勺从侧面搅动，使原料、芡汁受热均匀，并使原料、芡汁融合为一体。

（3）在扒、熘菜肴中运用

先在原料表面淋入水淀粉或汤汁，然后用手勺背部轻轻拍按原料，可使水淀粉向原料四周扩散、渗透，使受热均匀，致使成熟的芡汁均匀分布。

任务完成后整理用具，清洗锅具、手勺、毛巾，打扫炉灶卫生，清理现场。

任务评价

独立完成手勺技术练习，并填写表 3.2。

表 3.2　任务评价

考核要素	评分标准	要　　求	得　分		
			自评 20%	互评 30%	师评 50%
仪容仪表	15 分	着装规范、表情自然、仪态大方			
临灶姿势	25 分	自然正直，含胸前倾，身体与灶台保持约 10cm 距离			
握锅姿势	25 分	握锅姿势正确			
握手勺姿势	25 分	食指前伸紧贴勺柄右侧，大拇指伸直与食指、中指合力握住勺柄后端			
卫生习惯	10 分	保持环境干净、整洁			
合计		100			

任务 3.3　端锅翻技术

 任务目标

1）了解临灶握手勺、端锅翻的基本知识。

2）掌握手勺在翻锅过程中的各种用法。

3）具备临灶端锅翻的操作能力。

 任务准备

需要的设备及器具为炉灶、炒锅、手勺、河沙、毛巾；适用范围为熘、炒、爆、烹等烹调方法的制作。

 任务实施

1. 临灶姿势

上身保持自然正直，自然含胸，略向前倾，面向炉灶站立，身体与灶台保持一定的距离（约 10cm）；两脚分开站立，两脚尖与肩同宽，为 40～50cm（可根据身高适当调整）。目光注视锅中原料的变化。

2. 握锅姿势

（1）握单柄锅

左手握住锅柄，手心朝右上方，大拇指在锅柄上面，其他四指弓起，指尖朝上，手掌与水平面约成 140° 夹角，合力握住勺柄。

（2）握双耳锅

将毛巾对折后，用左手大拇指握紧锅耳的左上侧，其他四指微弓朝下，右斜托住锅壁，以握牢、握稳为准，使翻锅灵活自如。

（3）握手勺

食指前伸（对准勺碗背部方向），指紧贴勺柄右侧，大拇指伸直与食指、中指合力握住手勺柄后端，勺柄末端顶住手心，持握牢而不死，变向灵活自如。

3. 端锅翻

1）使炒锅前低后高，先向后轻拉，如图 3.41 所示。

2）迅速向前送出，原料送至炒锅前端，炒锅向下呈弧形运动，如图 3.42 所示。

图 3.41

图 3.42

3）将炒锅的前端略翘，快速向后拉回，使原料做一次翻转，如图 3.43 所示。

图 3.43

任务完成后整理用具，清洗锅具、炒勺、毛巾，打扫炉灶卫生，清理现场。

 任务评价

在 1min 内采用端锅翻的方法翻动 1000g 湿沙，并填写表 3.3。

表 3.3　任务评价

考核要素	评分标准	要　　求	得　分		
			自评20%	互评30%	师评50%
基本姿势	15分	站姿正确、端锅、握勺姿势正确			
仪容仪表	15分	着装规范、表情自然、仪态大方			
翻锅时间	15分	达到规定的时间 1min			
操作动作	20分	动作潇洒自然、协调连贯、双手配合恰当			
翻锅次数	15分	达到每分钟 70 次			
原料形态	10分	用力均匀，原料翻转无抛洒			
卫生习惯	10分	保持工作环境干净、整洁			
合计		100分			

任务 3.4　拖拉翻技术

任务目标

1）了解拖拉翻锅的知识。

2）掌握拖拉翻锅的技术。

3）具备临灶翻锅所需的岗位能力。

任务准备

需要准备的设备及器具为炉灶、炒锅、手勺、沙子、毛巾。

任务实施

1. 临灶姿势

上身保持自然正直，自然含胸，略向前倾，面向炉灶站立，身体与灶台保持一定的距离（约 10cm）；两脚分开站立，两脚尖与肩同宽，为 40～50cm（可根据身高适当调整）。目光注视锅中原料的变化。

2. 握双耳锅

将毛巾对折后，用左手大拇指和握紧锅耳的左上侧，其他四指微弓朝下，右斜托住锅壁，以握牢、握稳为准，使翻锅灵活自如。具体步骤如下。

1）左手握住锅耳，炒锅向前倾斜。右手持手勺，手勺在锅上方里侧，如图 3.44 所示。

图 3.44

2）先向后轻拉，再迅速向前送出。利用手勺的背部由后向前推动，将原料推送至炒锅前端，如图 3.45 所示。

图 3.45

3）以灶口边为支点，炒锅底部紧贴灶口边沿呈弧形下滑，至炒锅前端还未触碰到灶口前沿时，将炒勺的前端略翘，如图 3.46 所示。

图 3.46

4）快速向后勾拉，使原料翻转。原料翻落时，手勺迅速后撤或抬起，防止原料落在手勺上，做到"拉、送、勾拉"3个动作连贯，如图3.47所示。

图 3.47

任务完成后整理物品，收拾台面，打扫卫生。

 任务评价

在1min内采用拖拉翻的方法翻动1500g湿沙，并填写表3.4。

表3.4 任务评价

考 核 要 素	评 分 标 准	要 求	得 分		
			自评20%	互评30%	师评50%
基本姿势	15分	站姿正确、端锅、握勺姿势正确			
仪容仪表	15分	着装规范、表情自然、仪态大方			
翻锅时间	15分	达到规定的时间1min			
操作动作	20分	动作潇洒自然、协调连贯、双手配合恰当，锅底接触灶边缘、不远离火源中心点			
翻锅次数	15分	达到每分钟80次			
原料形态	10分	用力均匀，原料翻转无抛洒			
卫生习惯	10分	保持工作环境干净、整洁			
合计		100分			

思考与练习

1. 勺工有哪些要求？

2. 作为一名专业厨师，应如何保养好炒勺和炒锅？

3. 临灶烹调时翻勺有何作用？

4. 作为一名专业厨师，应如何正确使用炒勺和炒锅以及有哪些要求？

项目4 调味技术

内容提要

调味技术是烹饪菜肴制作的基础。本项目学习烹饪行业中常用味型的调制，包含红油味、姜汁味、椒麻味、怪味、芥末味、麻酱味、鱼香味、糖醋味、鲜椒酸辣味、烤椒煳辣味的调制 10 个任务。通过系统学习，学生具备调制烹饪行业中常用川菜味型的能力，为后期菜肴制作的学习打下坚实的基础。

项目描述

川菜被誉味"一菜一格，百菜百味"，和其他菜系的区别在于烹制技法多样和调味千变万化，正是这两大技术支柱，形成了川菜独特的风格。

川菜的味型多样，变化细微。因此，有"味在四川"的说法，一方面它可以因人而异、因时而异、因地而异、因料而异、因席而异；另一方面，川菜味感层次分明、恰如其分，如川菜特有的咸、甜、酸、辣、香、辛兼有的鱼香味等。

"尚滋味，好辛香"——东晋史学家常璩，曾这样描述了天府之国的饮食文化。千余年后，我们依然秉承这样的传统。凭借纯正的辛香滋味，一丝不苟的烹饪技法，诠释着川菜文化的丰富内涵。

相关知识

1. 味的概念

味称口味、滋味、味道，是指食品在人的口腔内的感官性质，如咸、甜、酸、辣、苦、鲜。

调味技术指将多种调味料按照一定的比例和要求调配在一起，使烹饪原料具有不同味道的一种操作技术。

2. 味的分类

1）单一味又称基本味、单纯味、母味，即单一原味，如咸味、甜味等。
2）复合味指由两种或两种以上的单一味组合而成的滋味，如咸鲜味、麻辣味等。

3. 调味的作用

（1）确定菜肴的口味

每份菜肴特有的滋味主要决定于调味。以炒肉丝为例，佐以咸鲜味的调味品，就成为咸鲜味的肉丝；在此基础上佐以糖醋，就成为糖醋味的肉丝；或佐以豆瓣就为豆瓣味的肉丝。

（2）增加美味

有的原料本身味道淡薄、单调，如鱼翅、海参、魔芋、粉条等原料必须依靠调味来增加鲜味，使这些原料烹调成鲜美可口的菜肴。

（3）除异解腻

原料在初加工中可以去除原料一部分异味，但是往往不能除净（如肥肠、羊肉），必须在调味过程中，使用调味品来抵消或矫正，以除尽其异味。例如，较肥腻的猪肉，可以通过调味，达到解腻的作用。

（4）调和荤、素及滋味

荤、素原料搭配制成的菜肴，都起着调和滋味的作用。例如，酸菜炖猪肉、奶汤什锦等菜肴，是由各种原料的滋味，加上调味品的互相渗透，融为一体，达到调和滋味的作用。

（5）突出地方特色

菜肴的调味都有其地方风味特点。一提起小米辣、新鲜的青花椒，就会联想到攀西地方特色菜肴，所以调味是形成菜肴地方风味的重要手段。

（6）美化菜肴色泽

烹饪原料通过调味品的作用，可以起到增加菜肴色泽的作用，如糖醋排骨、咸烧白。

（7）增强食欲，帮助消化

烹调菜肴就是使菜肴富有滋味，以增进人们的食欲，增加消化液的分泌，增强消化吸收功能，达到饮食目的。

4. 临灶操作调味品的合理放置

临灶操作时，为使用调味品方便、快捷、提高工作效率，在实践中总结了放置调味品的规律（图4.1），其内容如下。

1）先用的调味品放得近，后用的调味品放得远。

2）液体的调味品放得近，固体的调味品放得远。

3）常用的调味品放得近，少用的调味品放得远。

4）有色的调味品放得近，无色的调味品放得远。

5）耐热的调味品放得近，不耐热的调味品放得远。

6）同色或近色的应间隔放置。

图 4.1

5．川菜复合味型

川菜复合味型分为特色复合味型和其他常见复合味型两大类。

1）特色复合味型有鱼香味型、红油味型、麻辣味型、怪味型、椒麻味型、蒜泥味型、姜汁味型、家常味型、煳辣味型、陈皮味型、荔枝味型、椒盐味型等。

2）常见复合味型有咸鲜味型、麻酱味型、糖醋味型、酸辣味型、咸甜味型、甜香味型、芥末味型、茄汁味型、酱香味型、五香味型、香糟味型等。

民以食为天，食以洁为先，随着社会经济的发展，餐饮企业不断发展壮大，对餐饮从业人员的要求越来越高。作为未来厨房工作的主力人员，一定要有良好的职业素养，良好的操作卫生习惯。规范个人仪容仪表，保持操作台面及操作间干净、整洁。

任务 4.1　红油味的调制

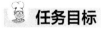 **任务目标**

1）了解红油味的特点。

2）掌握红油味调制的方法。

3）具备根据不同原料的性质、不同菜肴的要求准确调制红油味的能力。

 任务准备

需要准备的原料与器具为精盐、酱油、白糖、味精、鸡精、芝麻油、红油辣椒（辣椒面、菜籽油、八角、生姜、白芝麻）；调味碗、调味勺。

 任务实施

1. 制作红油辣椒

选用色红、质优、粗细恰当的辣椒面1000g（粗细均匀）与2只八角放入容器内。5000g菜籽油入锅，加入50g生姜、150g洋葱、150g西芹，旺火加热至油青烟冒出（220℃），降低油温至120～150℃，淋入辣椒面。炼制好的红油辣椒需要存放1～2日后使用。

2. 调制基础味

将精盐2g、酱油30g、白糖10g、味精1g调匀溶化，如图4.2和图4.3所示。

图4.2   图4.3

3. 放入特殊调味品

加入红油辣椒50g和芝麻油1g调匀即成，如彩图十七所示。

小提示

保存要求：密封冷藏，保存一周。

红油味的成品标准：色泽红亮、咸鲜微甜、兼具香辣，具有咸里微甜、辣中有鲜。

适用范围：凉拌菜肴的调味或四川小吃的味碟制作，四季皆宜。

代表菜肴：红油鸡块如彩图十八所示。

任务完成后整理物品、收拾台面、打扫卫生。

任务评价

全班分成 6～8 个实训小组，小组成员在相互配合的基础上独立完成调制 20g 红油味的实训任务，并填写表 4.1。

表 4.1 任务评价

考核要素	评分标准	要求	得分		
			自评 20%	互评 30%	师评 50%
调味品的种类	10 分	投料顺序准确			
在不同菜肴中的运用	60 分	符合规定的味型特点（20 分）			
		味汁分量符合（菜肴菜点）要求（20 分）			
		准确使用调味品（20 分）			
成本控制	10 分	符合味型制作成本要求			
卫生习惯	20 分	调味原料分别盛装，个人卫生、工具卫生符合要求			
合计		100 分			

知识拓展

有关红油味的其他味

1）蒜泥味：在红油味的基础上加入 25g 的蒜泥。代表菜肴有蒜泥白肉，如彩图十九所示。

2）红油酸辣味：在红油味的基础上加入 12g 的醋和豆豉。代表菜肴有川北凉粉，如彩图二十所示。

3）红油麻辣味：在红油味的基础上加入 5g 的花椒油、5g 刀口小米辣。代表菜肴有花仁兔丁，如彩图二十一所示。

4）酸辣麻香：蒜泥味、麻辣味、酸辣味的融和，三味一体。代表菜肴有口水鸡，如彩图二十二所示。

任务 4.2　姜汁味的调制

任务目标

1）了解姜汁味的特点。

2）掌握姜汁味调制的方法。

3）具备根据不同原料的性质、不同菜肴的要求准确调制姜汁味的能力。

任务准备

需要准备的器具及原料为精盐、味精、老姜、醋、芝麻油、冷鲜汤；调味碗、调味勺。

任务实施

1. 剁姜

老姜去皮洗净剁成细末，如图 4.4 所示。

图 4.4

2. 调制姜汁味

先放入姜末 25g、精盐 4g、味精 1g、醋 20g、芝麻油 2g、冷鲜汤 50g 调匀，如图 4.5 和彩图二十三所示。

图 4.5

在调配过程中醋的应用要做到酸而不酷、淡而不薄、调制中精盐仍起定味的作用，组成的姜汁味颜色不宜过浓，以不掩盖原料（菜肴）的本色为宜。

任务完成后整理物品、收拾台面、打扫卫生。

小提示

适用范围：广泛适用于鸡、鸭、豇豆、绿叶蔬菜类原料，常用于凉拌菜肴的制作，最宜在夏末秋初应用于调制酒菜菜肴。

姜汁味的成品标准：色泽浅茶色、姜味浓郁、咸中带鲜、清爽不腻。

保存要求：即调即用。

代表菜肴：姜汁菠菜，如彩图二十四所示。

任务评价

全班分成 6～8 个实训小组，小组成员在相互配合的基础上独立完成调制 20g 姜汁味的实训任务，并填写表 4.2。

表 4.2 任务评价

考核要素	评分标准	要 求	得 分		
			自评 20%	互评 30%	师评 50%
调味品的种类	10 分	投料顺序准确			
在不同菜肴中的运用	60 分	符合规定的味型特点（20 分）			
		味汁分量符合（菜肴菜点）要求（20 分）			
		准确使用调味品（20 分）			
成本控制	10 分	符合味型制作成本要求			
卫生习惯	20 分	调味原料分别盛装，个人卫生、工具卫生符合要求			
合计		100 分			

知识拓展

可乐姜汁味

可乐姜汁味：可口可乐 45g、姜汁 10g、盐 4g。代表菜肴有可乐姜汁鸡翅，如图 4.6 所示。

图 4.6

任务 4.3 椒麻味的调制

任务目标

1）了解椒麻味的特点。

2）掌握椒麻味调制的方法。

3）具备根据不同原料的性质、不同菜肴的要求准确调制椒麻味的能力。

任务准备

需要准备的器具为调味碗、调味勺；原料为椒麻糊（上等花椒、葱叶、熟菜籽油）、精盐、味精、酱油、冷鲜汤、芝麻油。

任务实施

1. 制作椒麻糊

1）选色匀油润、麻味纯正无苦涩味、麻香味浓的上等花椒 30g，去梗去籽、淘净、沥干，葱青叶 250g，切成细葱花。反复铡制成茸泥状，盛入器具内，如图 4.7 所示。

图 4.7

2）放入 80℃～100℃油温的熟菜油 200g，调匀成糊。制作好的椒麻糊只能现制现用，不能隔夜使用，如图 4.8 所示。

图 4.8

2. 调制椒麻味

先放入固体调料精盐 4g、味精 1g，再加入酱油 2g、芝麻油 2g、椒麻糊 25g、冷鲜汤 60g 充分调匀。酱油决定调味汁的色泽、精盐决定咸味，如图 4.9 和彩图二十五所示。

图 4.9

小提示

适用范围：适宜于暑热之际食用；新鲜无异味的原料搭配。

椒麻味的成品标准：色泽青绿、辛香味麻、味感刺激、清新爽口、具有葱叶和花椒的自然香味。

保存要求：即调即用。

代表菜肴：椒麻鸡丝，如图 4.10 所示。

图 4.10

任务完成后整理物品、收拾台面、打扫卫生。

任务评价

全班分成 6～8 个实训小组，小组成员在相互配合的基础上独立完成调制 30g 椒麻味的实训任务，并填写表4.3。

表4.3　任务评价

考核要素	评分标准	要　求	得　分		
			自评 20%	互评 30%	师评 50%
调味品的种类	10 分	投料顺序准确			
在不同菜肴中的运用	60 分	符合规定的味型特点（20 分）			
		味汁分量符合（菜肴菜点）要求（20 分）			
		准确使用调味品（20 分）			
成本控制	10 分	符合味型制作成本要求			
卫生习惯	20 分	调味原料分别盛装，个人卫生、工具卫生符合要求			
合计		100 分			

知识拓展

鲜椒麻香味

鲜椒麻香味：上等青花椒 30g、葱叶 250g、熟菜籽油 200g、青花椒麻糊 25g、精盐 4g、味精 1g、酱油 2g、冷鲜汤 60g、芝麻油 2g。代表菜肴：鲜椒麻舌片，如图 4.11 所示。

图 4.11

任务 4.4　怪味的调制

任务目标

1）了解怪味的特点。

2）掌握怪味调制的方法。

3）具备根据不同原料的性质、不同菜肴的要求准确调制怪味的能力。

任务准备

需要准备的器具为调味碗、调味勺；原料为精盐、白糖、味精、酱油、醋、芝麻酱、红油、花椒面、熟芝麻、香油。

任务实施

1.　调制基础味

先将固体调料白糖 9g、精盐 2g、味精 1g、花椒面 1g 放入碗中。再用酱油 5g、醋 10g、稀释芝麻酱 20g，如图 4.12 和图 4.13 所示。

图 4.12

图 4.13

2. 放入特殊调味品

将上面两种调料混，再加入红油 35g、芝麻油 2g、熟芝麻 2g 充分调匀，如彩图二十六所示。

小提示

适用范围：适宜调制本味较鲜的原料；一般用于下酒菜的调味，四季皆宜；不宜与红油，麻辣、酸辣味配合。

怪味的成品标准：色泽棕褐，咸、甜、麻、辣、酸、鲜、香各味兼具，风味别具一格。

保存要求：密封冷藏，保存一周。

代表菜肴：怪味鸡丝，如彩图二十七所示。

任务完成后整理物品、收拾台面、打扫卫生。

任务评价

全班分成 6～8 个实训小组，小组成员在相互配合的基础上独立完成调制 30g 怪味的实训任务，并填写表4.4。

表4.4 任务评价

考核要素	评分标准	要 求	得 分		
			自评20%	互评30%	师评50%
调味品的种类	10分	投料顺序准确			
在不同菜肴中的运用	60分	符合规定的味型特点（20分）			
		味汁分量符合（菜肴菜点）要求（20分）			
		准确使用调味品（20分）			
成本控制	10分	符合味型制作成本要求			
卫生习惯	20分	调味原料分别盛装，个人卫生、工具卫生符合要求			
合计		100分			

任务 4.5　芥末味的制作

任务目标

1）了解芥末味的特点。

2）掌握芥末味调制的方法。

3）具备根据不同原料的性质、不同菜肴的要求准确调制芥末味的能力。

任务准备

需要准备的器具为调味碗、调味勺；原料为盐、味精、芥末膏、酱油、醋。

任务实施

调制芥末味的方法为在碗中加入芥末膏 10g、盐 2g、味精 2g，再加入酱油 15g、醋 3g 调匀，如图 4.14 和彩图二十八所示。

图 4.14

小提示

适用范围：适合凉拌菜肴的佐味；最宜春夏两季佐味；适宜本味鲜美的原料，如海鲜。

芥末味的成品标准：咸、鲜、酸、辣具有芥末的刺激感。

保存要求：即调即用。

代表菜肴：芥末鸭掌，如彩图二十九所示。

任务完成后整理物品、收拾台面、打扫卫生。

任务评价

全班分成 6～8 个实训小组，小组成员在相互配合的基础上独立完成调制 30g 芥末味的实训任务，并填写表 4.5。

表 4.5　任务评价

考核要素	评分标准	要求	得分		
			自评 20%	互评 30%	师评 50%
调味品的种类	10 分	投料顺序准确			
在不同菜肴中的运用	60 分	符合规定的味型特点（20 分）			
		味汁分量符合（菜肴菜点）要求（20 分）			
		准确使用调味品（20 分）			
成本控制	10 分	符合味型制作成本要求			
卫生习惯	20 分	调味原料分别盛装，个人卫生、工具卫生符合要求			
合计		100 分			

知识拓展

传统芥末味

烹饪行业中调制传统芥末味时，需要制作芥末糊。

配方：芥末粉 150g、熟菜油 50g、白糖 50g、醋 150g、沸水 400g。

操作方法：将新鲜的芥末粉、白糖、醋调拌、倒入沸水搅匀、加入熟菜油调拌均匀，密闭两个小时。

任务 4.6　麻酱味的调制

任务目标

1）了解麻酱味的特点。

2）掌握麻酱味调制的方法。

3）具备根据不同原料的性质、不同菜肴的要求准确调制麻酱味的能力。

 任务准备

需要准备的原料及器具为精盐、味精、芝麻油、芝麻酱、熟芝麻、冷鲜汤、调味碗、调味勺。

 任务实施

1. 稀释芝麻酱

芝麻酱 30g，用冷鲜汤 8g 搅匀，如图 4.15 所示。

图 4.15

2. 放入特殊调味品

先加入精盐 3g、味精 2g、鸡精 1g。再加入稀释好的芝麻酱 38g、熟芝麻 2g、芝麻油 1g 调匀（味精用量稍大，以提高鲜味，芝麻油只能辅助增香，用量较小），如彩图三十所示。

小提示

适用范围：四季皆宜、适合佐以本味鲜美的原料。

麻酱味的成品标准：咸鲜可口、芝麻酱的香味自然。

保存要求：即调即用。

代表菜肴：麻酱凤尾，如彩图三十一所示。

任务完成后整理物品、收拾台面、打扫卫生。

任务评价

全班分成 6～8 个实训小组，小组成员在相互配合的基础上独立完成调制 30g 麻酱味的实训任务，并填写表 4.6。

表 4.6　任务评价

考 核 要 素	评 分 标 准	要　　求	得　分		
			自评 20%	互评 30%	师评 50%
调味品的种类	10 分	投料顺序准确			
在不同菜肴中的运用	60 分	符合规定的味型特点（20 分）			
		味汁分量符合（菜肴菜点）要求（20 分）			
		准确使用调味品（20 分）			
成本控制	10 分	符合味型制作成本要求			
卫生习惯	20 分	调味原料分别盛装，个人卫生、工具卫生符合要求			
合计		100 分			

知识拓展

自制的芝麻酱

自制的芝麻酱方法：先将 500g 芝麻淘净，炒至微黄，碾茸，用七成热菜油 150g 烫出香味即可。

任务 4.7　鱼香味的调制

任务目标

1）了解鱼香味的特点。

2）掌握鱼香味调制的方法。

3）具备根据不同原料的性质、不同菜肴的要求准确调制鱼香味的能力。

 任务准备

需要准备的原料及器具为泡红辣椒、辣椒油、精盐、酱油、味精、白糖、姜末、葱花、蒜末、醋、芝麻油、调味碗、调味勺。

 任务实施

1. 剁姜蒜泡椒

先把蒜、姜、泡红辣椒剁成末，小葱切葱花，如图 4.16 所示。

图 4.16

2. 调制鱼香味

碗里先放入泡红辣椒末 16g、姜末 4g、蒜末 12g，盐 2g、味精 1g、白糖 15g，再加入酱油 10g、醋 8g、辣椒油 20g、芝麻油 1g、葱花 15g 搅匀，如图 4.17 和彩图三十二所示。

图 4.17

小提示

　　适用范围：用于酥炸、拌等烹调方法的菜肴；四季皆宜，佐酒佳肴，与其他味配合均不矛盾；常用于鸡、鸭、鱼、虾、兔、花生仁、鲜核桃仁、鲜青豆、豌豆、蚕豆、莴笋、黄瓜等味主料的菜肴调味。

　　鱼香味的成品标准：色泽红亮，咸、酸、甜、辣兼有，姜、葱、蒜、味突出，醇厚不燥。

　　保存要求：即调即用。

　　代表菜肴：鱼香青丸，如彩图三十三所示。

　　任务完成后整理物品、收拾台面、打扫卫生。

任务评价

　　全班分成 6～8 个实训小组，小组成员在相互配合的基础上独立完成调制 30g 鱼香味的实训任务，并填写表4.7。

表4.7　任务评价

考核要素	评分标准	要　　求	得　　分		
			自评20%	互评30%	师评50%
调味品的种类	10 分	投料顺序准确			
在不同菜肴中的运用	60 分	符合规定的味型特点（20分）			
		味汁分量符合（菜肴菜点）要求（20分）			
		准确使用调味品（20分）			
成本控制	10 分	符合味型制作成本要求			
卫生习惯	20 分	调味原料分别盛装，个人卫生、工具卫生符合要求			
合计		100 分			

知识拓展

泡椒油的制作

　　原料：泡海椒、泡姜、泡蒜、糍粑海椒、五香粉、菜籽油。

　　制作工艺：泡海椒去籽，剁细；泡姜、泡蒜剁细；锅加热，放入菜籽油 800g 加热至 3～4 成油温，放入剁细的泡海椒 500g、糍粑海椒 150g、泡姜 50g、泡蒜 150g、五香粉 20g，慢慢炒干水汽，炒至色泽红亮，香味浓郁。

任务 4.8　糖醋味的调制

任务目标

1）了解糖醋味的特点。

2）掌握糖醋味调制的方法。

3）具备根据不同原料的性质、不同菜肴的要求准确调制糖醋味的能力。

任务准备

需要准备的器皿为调味碗、调味勺；原料为精盐、白糖、酱油、醋、味精。

任务实施

先将白糖 15g、味精 1g、精盐 4g 放入碗内。在加入酱油 5g、醋 10g 调出的基本味汁应浓稠，才有良好的味感，如图 4.18 和彩图三十四所示。

图 4.18

小提示

适用范围：糖醋味醇厚而清淡、和味、增鲜、解腻的作用；用于凉拌菜肴的调味，四季皆宜。

糖醋味的成品标准：味重甜酸，清爽可口。

保存要求：即调即用。

代表菜肴：糖醋时蔬，如彩图三十五所示。

任务完成后整理物品、收拾台面、打扫卫生。

任务评价

全班分成 6～8 个实训小组，小组成员在相互配合的基础上独立完成调制 30g 糖醋味的实训任务，并填写表4.8。

表4.8　任务评价

考核要素	评分标准	要求	得分		
			自评20%	互评30%	师评50%
调味品的种类	10分	投料顺序准确			
在不同菜肴中的运用	60分	符合规定的味型特点（20分）			
		味汁分量符合（菜肴菜点）要求（20分）			
		准确使用调味品（20分）			
成本控制	10分	符合味型制作成本要求			
卫生习惯	20分	调味原料分别盛装，个人卫生、工具卫生符合要求			
合计		100分			

知识拓展

柠檬糖醋味和橙汁糖醋味

可根据菜肴的要求选用柠檬汁、浓缩橙汁代替食醋。

1）柠檬糖醋味：精盐 4g、白糖 15g、酱油 5g、柠檬汁 10g、味精 1g。代表菜肴为时蔬沙拉，如彩图三十六所示。

2）橙汁糖醋味：精盐 4g、白糖 10g、浓缩橙汁 10g、味精 1g。代表菜肴为橙汁藕片，如彩图三十七所示。

任务 4.9　鲜椒酸辣味的调制

任务目标

1）了解鲜椒酸辣味的特点。

2）掌握鲜椒酸辣味调制的方法。

3）具备根据不同原料的性质、不同菜肴的要求准确调制鲜椒酸辣味的能力。

任务准备

需要准的原料及器具为精盐、味精、白糖、酱油、醋、刀口小米辣、芝麻油、调味碗、调味勺。

任务实施

1. 调制基础味

先放入盐 4g、味精 1g、白糖 5g、刀口小米辣 10g（刀口小米辣的添加量，根据原料和客人的喜好而定，如动物性原料的用量大于植物性原料），如图 4.19 所示。

图 4.19

2. 放入特殊调味品

再加入酱油 3g、醋 20g 充分调匀，淋入 2g 芝麻油，如彩图三十八所示。

小提示

适用范围：适宜动植物性原料，如鸡、鸭、猪肉等；适合夏末秋季使用。

鲜椒酸辣味的成品标准：咸鲜醇厚、酸辣可口。

保存要求：即调即用。

代表菜肴：鲜椒酸辣蕨根粉，如彩图三十九所示。

任务完成后整理物品、收拾台面、打扫卫生。

任务评价

全班分成 6～8 个实训小组，小组成员在相互配合的基础上独立完成调制 30g 鲜椒酸辣味的实训任务，并填写表4.9。

表4.9　任务评价

考核要素	评分标准	要　　求	得　　分		
			自评20%	互评30%	师评50%
调味品的种类	10分	投料顺序准确			
在不同菜肴中的运用	60分	符合规定的味型特点（20分）			
		味汁分量符合（菜肴菜点）要求（20分）			
		准确使用调味品（20分）			
成本控制	10分	符合味型制作成本要求			
卫生习惯	20分	调味原料分别盛装，个人卫生、工具卫生符合要求			
合计		100分			

知识拓展

清香麻辣味

调味品：精盐、味精、白糖、酱油、冷鲜汤、新鲜青花椒、新鲜刀口小米辣、藤椒油、香油。

调制方法：

1）盐 4g、味精 1g、白糖 5g、酱油 5g、冷鲜汤 10g 充分调匀。

2）加入新鲜青花椒 8g、刀口小米辣 15g。

3）淋入藤椒油 4g、香油 1g，油不宜太多。

代表菜肴：鲜椒麻辣鸡，如彩图四十所示。

任务 4.10　烤椒煳辣味的调制

任务目标

1）了解烤椒煳辣味的特点。

2）掌握烤椒煳辣味调制的方法。

3）具备根据不同原料的性质、不同菜肴的要求准确调制烤椒煳辣味的能力。

任务准备

需要准备的原料及器具为精盐、味精、花椒面、烤椒、葱花、鲜汤、调味碗、调味勺。

任务实施

1. 烤制煳辣椒

新鲜朝天椒放入炭火中烤制微煳，晾凉后用手搓细或剁细即成，如图 4.20 和图 4.21 所示。

图 4.20

图 4.21

2. 调制煳辣味

先在碗中放入烤椒 10g、盐 4g、葱花 1g、花椒面 3g，再加入鲜汤 25g 调匀，如图 4.22 所示。

图 4.22

适用范围：麻辣醇香，适宜植物原料的拌制，如茄子、青菜等。适合与咸鲜味、糖醋味配合。

烤椒煳辣味的成品标准：麻辣醇香、味厚清爽、四季皆宜用的复合味。

保存要求：即调即用。

代表菜肴：农家汤配烤椒煳辣味碟，如彩图四十一所示。

任务完成后整理物品、收拾台面、打扫卫生。

任务评价

全班分成 6～8 个实训小组，小组成员在相互配合的基础上独立完成调制 30g 烧椒煳辣味的实训任务，并填写表 4.10。

表 4.10 任务评价

考核要素	评分标准	要 求	得 分		
			自评 20%	互评 30%	师评 50%
调味品的种类	10 分	投料顺序准确			
在不同菜肴中的运用	60 分	符合规定的味型特点（20 分）			
		味汁分量符合（菜肴菜点）要求（20 分）			
		准确使用调味品（20 分）			
成本控制	10 分	符合味型制作成本要求			
卫生习惯	20 分	调味原料分别盛装，个人卫生、工具卫生符合要求			
合计		100 分			

知识拓展

椒盐的制作

配方：上等花椒 50g、精盐 150g、味精 5g。

操作流程：将花椒去籽和梗，炒锅洗净置小火上，将花椒和精盐按照 1∶3 的比例炒干水分，炒出香味，取出晾凉，研制成粉，加入味精调匀即可；有时也添加辣椒粉，增加风味。其常用于油炸食品或卤制品，如彩图四十二所示。

知识拓展

川菜中各具特点的"辣"

川菜在调味时通过不同的操作技法、搭配方法运用花椒、辣椒，形成了不同味感、不同层次、不同特点的麻辣各味，如麻辣味、煳辣味、鲜辣味等。麻辣味调料主要由汉源大红袍花椒和成都附近的二荆条干辣椒构成，又麻又辣，色泽红颜如火，广泛用于各种菜肴中。

鲜辣是川菜近几年在传统调味的基础上和攀西地方菜肴相结合的作品。其需要以新鲜的小米辣为主，因为其他辣椒的辣度不够，少了攀西菜肴的鲜辣、豪猛气质，切成圈后搭配青辣椒，前者主调味，后者主调色，然后加入盐等基础调料。

香辣是在麻辣、煳辣的基础上出现的一种味型，在调味的过程中，它借用了大量的呈香料，如花生、芝麻等，典型的香辣味要属攀西菜肴中的盐边原始烧烤和成都街头的冷串串及冒菜，当腌制好的各类原料烤制或煮制好后，只需要在用黄豆面、辣椒面、花椒面、熟芝麻、碎米花生、盐、味精兑制的干碟中蘸一蘸，其麻、辣、香的味道和特色就立即在味蕾中体现。

思考与练习

一、选择题

1. 味觉感受最适宜的温度是（　　）。
   A. 10~40℃　　　　B. 70℃以上　　　　　C. 10℃以下　　　　　D. 40~70℃
2. 汤菜中一般浓度以（　　）。
   A. 0.8%~1.2%为宜　　　　　　　　　　B. 2%为宜
   C. 2%以上为宜　　　　　　　　　　　　D. 0.8%以下为宜
3. 菜肴"干炸丸子"的调味方法是（　　）。

A. 原料加热前调味与原料加热后调味结合

B. 原料加热前调味

C. 原料加热前调味与原料加热中调味结合

D. 原料加热后调味

二、判断题

1. 味觉的感受程度与呈味物质的水溶性和溶解度没有直接的关系。　　（　　）

2. 在 30℃ 左右时人的味觉感受最为敏感。　　　　　　　　　　　　（　　）

3. 老年人对苦味最为敏感，儿童对苦味则比较迟钝。　　　　　　　　（　　）

三、填空题

味是指物质所具有的，能使人得到某种_____的特性，如咸味、甜味、酸味、苦味等。味概括起来可分为两大类即单一味和_____。

四、简答题

1. 试举例说明影响味觉的因素有哪些。

2. 试述在烹饪菜肴时常用调料（精盐、食糖、食醋等）的作用有哪些。

3. 调味有何作用？调味的原则有哪些。

4. 结合实例说明调味有哪些方法？

5. 常见的味型有哪些？

6. 试将你所学过的菜肴按味型分类。

7. 作为一名专业厨师怎样理解"看人下菜碟，因人调味"？

主要参考文献

李刚，王月智．2002．中式烹调技艺．北京：高等教育出版社．

单守庆．2007．烹饪刀工．北京：中国商业出版社．

王劲．2012．烹饪基本功．北京：科学出版社．

周世中．2011．烹饪工艺．成都：西南交通大学出版社．